2019학년도 간호학과 대학입시 자료집

간호학과로 케어하라

저자 **박 경 원**

인천과 경기 안산에서 500명 이상의 대학입시 수험생과 학부모를 상대로 진학상담을 진행하였다. 대학입시학원과 공공도서관에서 수십 회의 진학설명회 강사로 열강 하였으며 현재도 왕성한 활동을 하고 있다. 베트남 수도 하노이의 한국대학정보센터에서 베트남 학생들의 한국 유학을 상담하고 있다. 대학 진학상담 소외계층을 위하여 찾아가는 방문상담도 꾸준히 실행하고 있다. 수험생의 주어진 조건을 활용하여 최적의 입시전형과 전공 그리고 대학을 모색하는 진학큐레이터이다. 간호학과 진학을 희망하는 수험생과 간호학과의 성장과 발전을 위하여 2019학년도 간호학과 대학입시 자료집『간호학과로 케어하라』를 출간하였다. 저서로『전국 50개 대학 금융학과 진학 가이드』가 있다.

이메일 adpark1@hanmail.net

다음카페 인천진학연구소 http://cafe.daum.net/incheonjinhak

2019학년도 간호학과 대학입시 자료집

간호학과로 케어하라

2018년 6월 15일 초판 1쇄 인쇄
2018년 6월 20일 초판 1쇄 발행

지은이 박경원
펴낸이 김영호
펴낸곳 아이워크북

등 록 | 제313-2004-000186
주 소 | (03962) 서울시 마포구 월드컵로 163-3
전 화 | (02)335-2630
팩 스 | (02)335-2640
이메일 | yh4321@gmail.com

ISBN 978-89-91581-35-7 53410

2019학년도 간호학과 대학입시 자료집

간호학과로 케어하라

박경원 지음

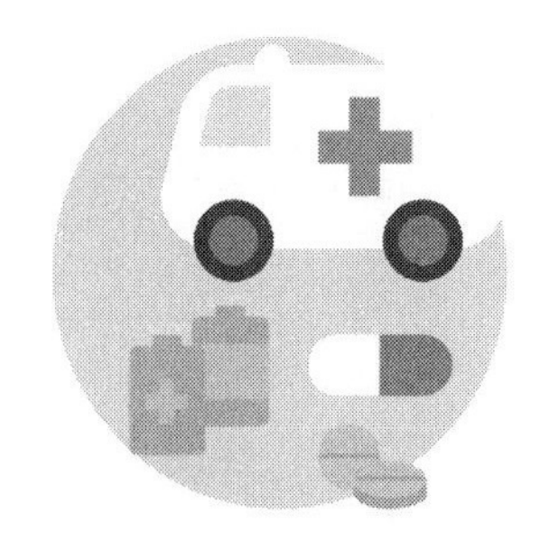

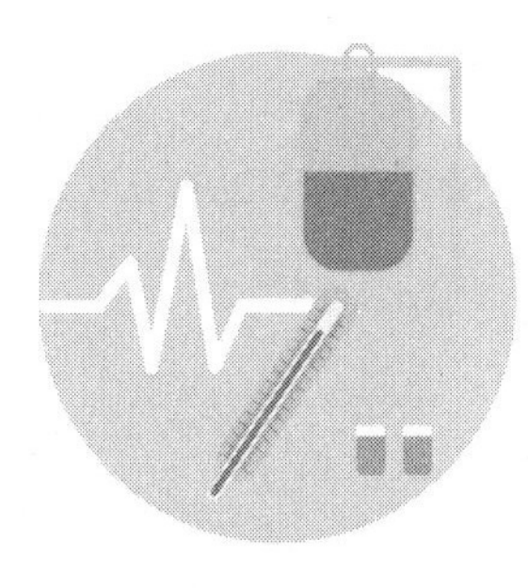

iworkbook
아이워크북

차례

PART 4
간호학과 입학전형

들 어 가 는 글

간호학과 합격을 진심으로 기원하며

간호학은 누구나 배울 수 있습니다.
간호학과는 누구나 입학할 수도 있습니다.
그러나 간호사는 누구나 할 수 있는 직업이 아닙니다.
간호사는 나눔, 돌봄, 베품, 섬김을 실천하는
세상에서 가장 귀한 천직입니다.

진로진학 상담을 하다 보면 간호학과 입학과 간호사에 대하여 문의하는 많은 수험생을 만나게 된다. 수험생과 학부모들은 수험생활에 다급한 나머지 본인이 선택하고자 하는 전공을 탐색할 여유가 많지 않다. 준비 없이 맞이한 대학생활은 방황과 휴학, 자퇴 그리고 재수라는 악순환으로 이어지고 있다. 500명이 넘는 수험생 및 학부모들과 진학상담을 진행하면서 느낀 놀라운 점은 대학과 전공에 대하여 너무 모른다는 사실이다. 바람직한 대학생활과 졸업 이후 사회생활을 위해서는 고등학교 교육과정에서 최소한 전공하고자 하는 학과에 대한 기본적인 정보와 지식을 갖도록 노력을 기울여야 한다.

현실생활에 필수품이 된 스마트폰 한 대를 구매하면서도 가격, 성능, 품질, 계약조건, 가성비 등을 꼼꼼히 따지면서 대학과 지원할 학과에 대해서는 관심을 기울이지 않는다. 심지어 수험생과 학부모가 입학하고자 하는 대학과 학과의 홈페이지를 한 번도 검색하지 않는 것이 현실이다. 진학하고자 하는 대학과 전공하고자 하는 학과의 교육철학, 교육목표, 교육과정, 교수진, 취득 가능 자격증, 졸업 후 진로, 취업률, 미래 연관산업의 발전 가능성 등이 정말 궁금하지 않은 것일까?

인간의 평균수명이 연장되고 노령인구가 증가하면서 사회구성원들의 질 높은 의료와 복지에 대한 욕구가 점차 증대되고 건강증진과 질병예방 등 건강관리에 대한 관심이 높아지고 있다. 이에 따라 간호사에 대한 사회적 수요와 전문적인 영역이 확대되고 있다. 간호란 무엇이며, 간호학은 어떤 학문을 배우고, 간호학과의 적성과 특성은 무엇이며, 간호사는 누구인가?

대학진학 컨설팅을 진행하다 보면 간호학과에 진학하고자 하는 많은 수험생을 만날 수 있으나, 간호학과에 관한 자세한 안내와 간호학과를 졸업하고 간호사 국가면허를 취득한 후 진출할 분야에 관한 정확한 정보가 매우 부족한 실정이다. 단편적으로 간호학과와 간호사에 대한 정보를 제공하고 있으나, 구체적이고 현실적인 상황에 올바른 정보를 제공하고 있는 자료가 많지 않다.

간호학과에 진학하고 간호사를 미래 직업으로 선택할 수험생들에게 정확한 정보와 올바른 지식을 제공하고자 『간호학과로 케어하라』를 집필하였다. 『간호학과로 케어하라』는 네 장과 부록으로 구성하였다.

제1장 대학입시 4단계 전략(4 Level Strategy 3S1D)은 대학 진학상담의 경험을 바탕으로 현행 대학입시 제도를 제1단계 탐색기간(SEARCH PERIOD), 제2단계 선택과 집중(SELECT & CONCENTRATION), 제3단계 검토와 조정(STUDY & CONTROL), 제4단계 결정(DECISION)으로 구분하여 단계마다 준비하여야 할 사항과 필수적인 정보를 수록하였다.

제2장 간호사에서는 간호사의 직업 개요, 간호사의 준비 방법, 간호사의 흥미와 적성, 간호사의 진출분야, 간호사의 직업 전망에 대해서 설명하였다.

제3장 간호학과에서는 간호와 간호학, 간호학과의 개요, 간호학과 교과과정, 전국 간호학과 리스트 등 간호학과 개요와 주요대학 간호학과 교육과정에 대해서 살펴보았다.

제4장 간호학과 입학전형은 전국 대학 간호학과의 수시 학생부교과, 학생부종합, 논술, 적성전형 등을 살펴보고 대학 정시 수능100% 전형과 수능·학생부전형을 구분하여 알아보고 간호학과 입시결과를 살펴보았다.

부록으로 간호학과에 관련된 정보인 2020학년도 대학입학전형 시행계획 주요사항, 전국 대학병원과 상급병원 목록과 치과의 간호사라 할 수 있는 치위생학과의 리스트를 수록하였다.

2019학년도 간호학과 대학입시 자료집『간호학과로 케어하라』가 간호학을 전공하고 간호사를 미래직업으로 꿈꾸는 수험생들에게 작은 도움이 된다면 커다란 영광으로 기억할 것이다. 또한 간호사들의 숙원인 간호법의 제정을 진심으로 응원한다.

2019학년도 간호학과 대학입시 자료집『간호학과로 케어하라』가 출판되기까지 많은 도움을 아끼지 않은 아이워크북 김영호 대표와 평생 기도로 못난 아들을 후원하여 주신 부모님, 언제나 웃음을 잃지 않고 곁을 지켜준 아내 그리고 교정과 조언으로 애써준 두 딸 신혜, 신지와 함께 출판의 기쁨을 함께하고자 한다.

2018. 6.

인천진학연구소

진학큐레이터 박경원

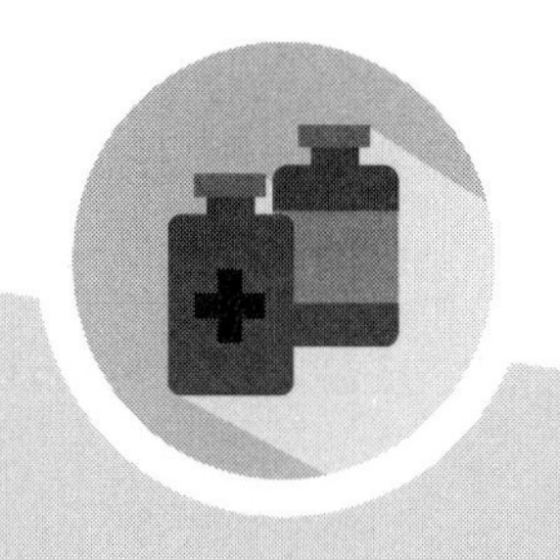

PART 1

대학입시 4단계 전략

(4 Level Strategy 3S1D)

천재는 노력하는 자를 이길 수 없고
노력하는 자는 즐기는 자를 이길 수 없다.
知之者 不如好之者, 知之者 不如好之者
_ 공자 논어, 옹야편

대학 진학컨설팅을 경험을 바탕으로 현재 실시되고 있는 우리나라 대학입시 제도를 살펴보면 크게 4단계로 구분할 수 있다. 수험생과 학부모는 대학입시에서 어떤 단계에 위치하여 있는지 살펴 볼 필요가 있다.

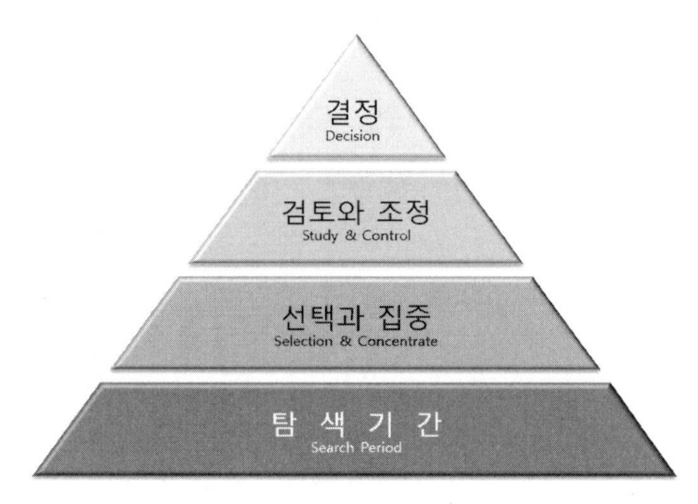

〈표 1〉 대학입시 4단계(총괄)

제1단계 탐색기간(SEARCH PERIOD)으로 태어나서 영 · 유아기와 초등학교와 중 · 고등학교 교육과정을 거치면서 어렴풋이나마 진로를 정하는 시기라 할 수 있다.

제2단계 선택과 집중(SELECTION & ATTENTION)은 중 · 고등학교 시기로 전공과 대학의 윤곽을 설정하고 대학입시 전형을 선택하며 전형에 따른 제반사항을 준비하고 집중하는 시기이다.

제3단계 검토와 조정(STUDY & CONTROL)은 제2단계 선택과 집중의 장 · 단점과 문제점을 분석하고 보다 최선의 결정을 하기 위해 검토하고 조정하는 단계라 할 수 있다.

제4단계 결정(DECISION)은 최종 확정의 단계로 수시 6회, 정시 가, 나, 다군 3회 등 9번의 대학입시 전형 기회를 어떻게 활용할 것인가 결정하는 단계이다. 대학입시 4단계를 도표로 나타내면 다음과 같다.

일반적으로 탐색기간 → 선택과 집중 → 검토와 조정 → 결정 단계는 순차적으로 진행되지만, 일부는 탐색기간과 선택과 집중 단계 또는 선택과 집중 단계와 검토와 조정 단계가 중복되거나 탐색기간에서 선택과 집중 검토와 조정단계를 생략하고 곧바로 결정 단계로 건너서 나타나기도 한다. 단계별 과정의 기간은 탐색기간에서 결정단계로 갈수록 짧아지는 경향이 있으며 일정한 기간의 구분이 명확하지는 않다. 수험생의 성장배경, 흥미와 적성, 학업능력, 주변 환경, 미래 산업 전망에 따라 수험생마다 다르게 나타난다.

I. 탐색기간(Search Period)

한국직업사전(한국고용정보원 2016년간)으로 보는 우리나라의 직업 수는 11,927개 직업명 수로는 15,537개이다. 현재의 경제생활을 하려면 공무원, 회사원 등의 직장생활이나 개업, 자영업, 창업 등의 회사설립과 아르바이트 등 직업이나 일자리를 갖는 것이 필수조건이다. 상속이나 증여를 받는 경우나 로또나 복권에 당첨되는 행운을 제외한다면 직업과 일자리를 가져야 돈을 벌 수 있고 돈을 지불해야 생활할 수 있기 때문이다. 탐색기간은 직업과 일자리를 찾는 준비 기간이라 할 수 있다.

〈표 2〉 대학입시 4단계(탐색기간)

탐색이란 '감추어진 사실이나 현상 따위를 알아내기 위하여 더듬어 찾음'을 의미한다. 제1단계 탐색기간(SEARCH PERIOD)은 일반적으로 태어나서 영·유아기와 초등학교 그리고 중·고등학교 교육과정을 거치면서 전공과 대학을 모색하는 시기라 할 수 있다. 탐색기간을 주택을 건축하는 일에 비유한다면 집 짓는 계획을 세우고, 건축 설계도를 작성하는 공정이다. 계획을 설계로 옮기는 과정과 설계도를 완성하는 작업은 집 짓는 모든 공정의 기본 과정이다.

탐색기간에는 다양한 직접적인 체험과 충분한 간접적인 경험의 조화가 매우 중요하다. 탐색기간 중에 모든 것을 직접 체험하면 좋겠지만, 인간의 활동범위는 한계가 있기 때문에 모든 경험을 할 수 없고 굳이 모든 경험을 하지 않아도 된다. 직접 경험하지 못하는 것은 여러 방법을 통한 간접 경험을 하면 된다.

어려서부터 확실한 진로를 결정하고 진학을 준비하거나 취업을 하는 학생이 있는가 하면, 대학 원서접수를 눈앞에 두고도 자기 주도적 의사결정 없이 성적이나 주위의 권유에 따라 대학과 전공을 정하는 경우도 있다. 탐색시기를 알차게 보낸 사람과 그렇지 않은 사람은 대학의 선택과 사회생활에 참여하는 자세와 태도에 커다란 차이를 보일 것이다.

교육부 자료(대학 등록자 기준)에 의하면 우리나라 대학진학률은 2014년 70.9%, 2015년 70.8%, 2016년 69.8%, 2017년 68.9%를 기록하고 있다. 고등학교 졸업생 10명 중 7명은 대학에 진학한다. 출생률 저하로 인하여 대학진학 보다는 진로선택의 중요성이 높아지고 있다. 특별히 간호학과의 경우 전공의 전문성과 업무의 특수성 그리고 사회진출의 제한을 고려할 때 고등학교 교육과정에서 충실한 탐색과정을 거치는 것이 바람직하다.

탐색기간에 준비할 여러 가지 중요한 사항이 있지만 여기에서는 자아탐색, 진로 찾기, 직업 탐구, 독서습관으로 나누어 살펴보기로 한다.

1. 자아탐색

간호학과에 진학하기 이전에 자신에 대한 자아발견을 지속적이고 다양한 측면에서 탐색해야 한다. 인간은 누구나 다른 본성, 소질, 재능과 환경을 가지고 태어나기 때문이다. 시간의 흐름에 따라 변화해 가는 인간의 생애를 일정한 단계로 구분한 생애주기(Life Cycle)로 보면 영아기는 생후에서 24개월까지, 유아기는 만3세에서 5세까지, 아동기는 만6세에서 11세까지, 성년기는 만 20세에서 39세까지, 중년기는 만 40세에서 59세까지, 노년기는 만 60세 이후 사망할 때까지로 구분한다.

인간은 영아기, 아동기, 청소년기, 성년기로 성장하는 동안 자신에 대한 하나의 모습을 형성하게 되는데, 이것을 자아(自我)라고 한다. 자아(自我)란 여러 가지 판단을 내리고 행동을 결정하는 주체를 의미한다. 자기 자신의 특성과 제반환경에 대한 이해가 전제되면 자아(自我)에 대한 정체성과 자존감이 확립되어 자신의 미래를 그려 볼 수 있다. 대학진학에 있어서도 자아의 가치관, 성격, 적성, 흥미와 처해진 현실을 빠르고 정확하게 파악할수록 좋은 결과를 얻을 수 있다. 간호학과를 전공으로 선택할 때에도 자아탐색은 결정적인 도움이 된다.

우리나라 평균수명(통계청 2015.08.03. 현재 평균수명 81세, 건강수명 71세)을 편의상 80세 라고 하고 생애를 하루 24시간으로 비교한다면 출생부터 고등학교 졸업하는 시기는 오전 0시부터 6시까지라 할 수 있다. 단순 계산으로 이야기한다면 인생의 25%를 탐색하고, 앞으로 살아갈 75%의 기간을 준비하는 시기라 할 수 있다. 이 기간을 건강하게 성장하고 현명하게 투자해야 다가올 미래의 방향을 올바르게 판단할 수 있다. 따라서 자아탐색은 어떤 과제보다도 최우선으로 해결되어야 할 문제이다. 하루 24시로 보는 청소년기를 그림으로 나타내면 다음 표와 같다.

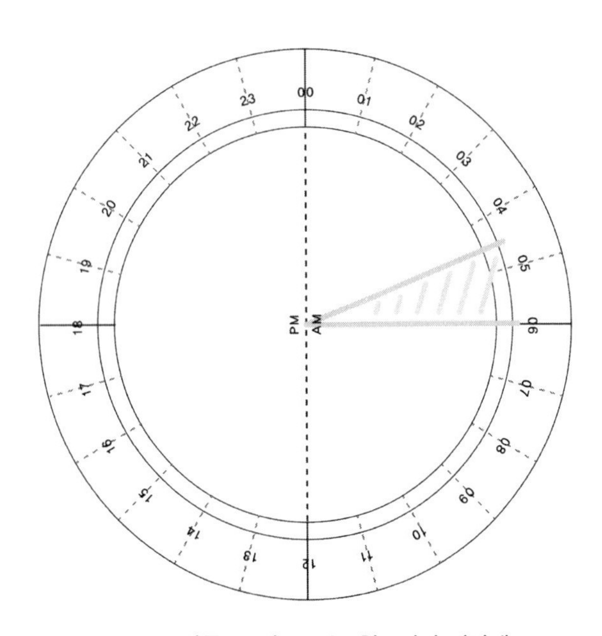

〈표 3〉 하루 24시로 보는 청소년기 시간대

2. 진로 찾기

우리나라의 경우 아동기와 청소년기에 이르는 시기가 진로 찾기의 1차적 기간이라 할 수 있다. 그러나 우리나라 청소년의 10명 중 3명의 고등학생들은 대학 진학과 사회 진출을 앞둔 시점에서도 진로를 정하지 못하고 있으며, 꿈이 없다는 충격적인 현실이다.

단위 : (%)

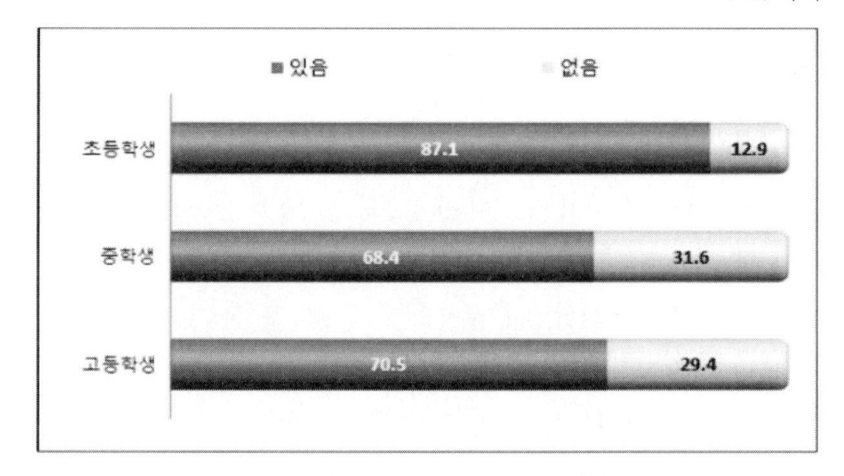

손석희 앵커가 진행하는 JTBC 뉴스룸 탐사플러스(2016.02.29.)에서 방송된 "공무원, 건물주가 '꿈'- 청소년의 현주소편"의 리포트를 보면 진로 찾기의 중요성을 실감할 수 있다.

> 취재진이 직접 서울 시내 초, 중, 고등학생 830명을 대상으로 장래 희망을 물어봤습니다.
> 장래희망이 있다는 청소년 가운데는 초중고교에서 모두 아이돌이나 운동선수 등 문화체육인이 1위를 차지했습니다. 경제적으로 풍족하기 때문이라는 이유가 가장 많았습니다.

공동 2위는 교사와 대학 교수가 차지했습니다. 오래 일할 수 있고, 연금이 나오는 등 안정적이라는 이유 때문이었습니다. [수입이 적은 것도 아닌데, 잘리지도 않고 안정적이니까요.]

사회적으로 선망 받는 직업을 묻는 질문에도 문화체육인과 교사가 각각 1위와 3위로 꼽혔습니다.

하지만 학년이 올라갈수록 안정성과 소득을 따지는 경향이 뚜렷했습니다.

고등학생들은 가장 선망하는 직업 1위로 '공무원'(22.6%)을, 2위로는 '건물주와 임대업자'(16.1%)를 꼽았습니다. 이유 역시 '안정적이어서'(37.5%), '높은 소득이 보장되기 때문에'(28.5%)라는 답변 순이었습니다.

특히 초등학생의 경우 '장래희망이 없거나 생각해본 적 없다'고 답한 비율이 6.1%에 그쳤지만 중, 고등학생의 경우 10명 중 3명이 꿈이 없다고 답했습니다.

한국직업능력개발원이 2014년 7월 전국 초중고교생 18만402명을 대상으로 실시한 '2014년 학교진로교육 실태조사'를 분석한 결과 중, 고등학생 10명 중 3명은 자신의 희망 진로가 없는 것으로 나타났다.

진로 찾기 시기를 명확하게 규정할 수는 없지만 가급적 빠를수록 효과적이다. 특히 대학진학을 눈앞에 둔 수험생과 학부모는 지원하고자 하는 전공과 대학을 결정하여야 한다. 매년 대학입시 수시전형에서 학생부종합전형이 확대되는 시점에서 최소한 고등학교 입학 전에는 진로 찾기가 이루어져야 알찬 준비과정을 가질 수 있다. 학생부종합전형은 준비된 수험생에게 합격의 기회가 높아진다는 사실이다. 다음은 진로적성을 검사하는 인터넷 사이트와 팟캐스트 팟빵의 진로에 관련된 방송, 참고도서를 안내한다. 적극 활용하면 진로 찾기에 많은 도움이 되리라 확신한다.

① 진로적성검사 사이트

○ 서울진로진학정보센터(www.jinhak.or.kr)
진로적성검사, 진학자료, 진학진로상담실

○ 애니어그램(www.enneamind.com)
직업적성을 알아보는 성격검사

○ 워크넷(www.work.go.kr)

청소년 직업흥미검사, 고등학생 적성검사, 직업가치관검사, 청소년 진로발달검사, 청소년 직업 인성검사, 대학 전공(학과) 흥미검사, 직업정보, 학과정보, 진로상담, 직업 학과 동영상 등

○ 커리어넷(www.career.go.kr)

직업정보, 진로심리검사, 학과정보

○ 청소년 워크넷(www.youth.work.go.kr)

직업심리검사, 직업정보, 진로상담, JOB SCHOOL

○ 한국가이던스(www.guidance.co.kr)

e심리검사, 심리상담센터, 진로진학학습정보, 학교표준화심리검사

○ 한국청소년상담복지개발원(www.kyci.or.kr)

심리상담실, 청소년/부모/전문가 코너

② 진로 팟캐스트-팟빵

○ 학부모를 위한 진로레시피

학부모가 궁금해 하는 자녀 진학정보, 진로고민 상담, 직업정보 등을 제공하는 학부모 진로교육 팟캐스트

○ 왕쌤의 교육이야기

청소년의 진로와 진학, 교육현장을 생각하는 팟캐스트

○ 서울대는 어떻게 공부하는가

365 비타민의 저자 한재우가 진행하는 본격 공부 자극 팟캐스트

○ 입시왕

모두를 위한 대학입시 컨설팅

○ 입시본색

쫌 아는 쌤들의 입시토크쇼 tbs "상담받고 대학가자"의 야심작

③ 진로 참고도서

○ 『뭘 해도 괜찮아』, 이남석, 사계절, 2012.08.

○『청소년 직업카드』, 한국고용정보원, 매일경제신문사, 2015.12.
○『나는 무슨 일하며 살아야 할까?』, 박현희 외, 철수와 영희, 2011.05.
○『하고 싶은 일 해, 굶지 않아』, 윤태호 외, 시사IN북, 2014.06.
○『10대를 위한 자존감 수업』, 이형준, 하늘아래, 2016.11.
○『10대가 알아야 할 미래 직업의 이동』, 박종서 외, 한즈미디어, 2016.11.
○『꿈 찾는 십대를 위한 직업 멘토』, 박소정, 꿈결, 2014.03.
○『진로를 디자인하라』, 김진, 다산에듀, 2013.11.
○『지금, 꿈이 없어도 괜찮아』, 박승오 외, 풀빛, 2015.03.
○『진로를 정하지 못한 나, 비정상인가요?』, 최현정, 팜파스, 2016.12.
○『1~9등급 모두를 위한 진짜 입시전략』, 맵스터디컨설팅, 지식공감, 2017.04.
○『10대가 맞이할 세상, 새로운 미래직업』, 김승 외, 미디어숲, 2017.08.
○『10대가 알아야 할 미래 직업의 이동』, 박종서 외, 한즈미디어, 2016.11.
○『정해진 미래』, 조영태, 북스톤, 2016.09.
○『명견만리시리즈』, KBS 명견만리 제작진, 인플루엔셜(주), 2017.06.

3. 직업 탐구

직업이란 '개인이 사회에서 생활을 영위하고 수입을 얻을 목적으로 다양한 일에 종사하는 지속적인 사회 활동'을 말한다. 한국직업사전(한국고용정보원 2016년)으로 본 우리나라의 직업 수는 11,927개 직업명 수 15,537개이다.

세상에 간호사라는 직업이 없다면 어떤 일이 일어날까? 각자 생각하여 보자. "직업에 귀천이 없다"라고 한다. 세상에 천한 직업은 없지만 귀한 직업은 분명히 있다. 간호사는 나눔, 돌봄, 베품, 섬김을 실천하는 귀한 직업 중에 하나라고 확신한다. 애플의 창업자 스티브 잡스는 "내가 계속 일을 할 수 있었던 유일한 이유는 내 일을 사랑했기 때문이다. 여러분도 사랑하는 일을 찾아야 한다. 당신이 사랑하는 사람을 찾아야 하듯이 일 또한 마찬가지다"라며 직업가치의 중요성을 강조하고 있다.

우리나라 헌법 제32조 1항 “모든 국민은 근로의 권리를 가진다. 국가는 사회적 경제적 방법으로 근로자의 고용의 증진과 적정임금의 보장에 노력하여야 하며, 법률이 정하는 바에 의하여 최저임금제를 시행하여야 한다.” 제32조 2항 “모든 국민은 근로의 의무를 진다. 국가는 근로의 의무의 내용과 조건을 민주주의 원칙에 따라 법률로 정한다”라고 명시되어 있으나 현실적으로 근로의 권리와 의무를 떠나서 일자리 자체가 많지 않은 실정이다.

요즈음 채용시장에서 회자되는 신조어를 보면 취업을 위해 쌓아야 하는 취업 9종 세트(구직자의 ‘학벌, 학점, 토익, 어학연수, 자격증, 공모전 입상, 인턴 경력, 사회봉사, 성형수술 등)와 5포 세대(연애, 결혼, 출산, 내 집 마련, 인간관계까지 포기하는 세대)는 취업과 생활의 어려움을 대변하고 있다.

다행스럽게도 중학교의 자유학기제와 자유학년제의 시행, 시도교육청의 진로진학정보센터의 운영, 각 급 학교의 진로진학상담실의 설치와 진로진학전담교사의 배치, 위탁교육기관의 전문 강사 초빙, 진로캠프의 운영, 직장체험 프로그램, 진로 집중학기제의 개설 등 진로교육의 활성화는 늦은 감이 있으나 대단히 반가운 현상이다. 대학에 입학하면 모든 문제가 해결되는 줄 알았지만 ‘이제 끝났나 했더니 다시 시작이네’라는 자조 섞인 이야기를 듣곤 한다. 대학 졸업 후 취업이라는 더 큰 어려움에 부딪친다는 현실이다.

2016년 3월 9일부터 15일까지 서울에서 이루어진 프로기사 이세돌과 인공지능 알파고와의 세기의 바둑대결은 승패를 떠나서 미래의 변화를 보여주는 계기를 제공하고 있다. 미래에는 일자리 없는 경제성장이 지속될 전망이다. 혁신적인 과학기술은 미래 노동시장을 급격하게 변화시킬 것이며, 수많은 일자리가 사라지고 새로운 일거리가 생겨날 것이다. 변화하는 노동시장에서 농경시대의 근면과 성실로는 더 이상 생존할 수 없다. 미래에 가치 높은 일을 갖기 위해서는 끊임없이 새로운 지식을 배우고 지식자본을 축적해야 한다. 미래는 다가오는 것이 아니라 부딪치는 것이다. 국가와 사회가 청년들을 위하여 취업과 근로의 구조적인 모순의 해법을 제시해야 하지만 개인도 다가올 미래를 위하여 노력을 게을리 하지 말아야 한다.

또한 간호사는 앞으로 인공지능과 로봇기술 같은 스마트기술에 의해 대체될 위험이 낮은 직업으로 분류됐다. 이는 한국고용정보원(원장 · 유길상)이 발간한 연구사업보고서 '기술변화에 따른 일자리 영향 연구'에서 밝혀졌다.

인공지능과 로봇기술과 같은 스마트기술이 미래 인간의 직업능력을 어느 정도 대체하고, 이를 통해 기술적으로 얼마나 일자리 대체가 가능한가를 탐색한 연구다. 박가열 한국고용정보원 연구위원 외 3명이 집필했다.

보고서에 따르면 간호사(조산사 포함)는 '저위험-저변화' 그룹으로 분류됐다. 향후 기술에 의해 능력이 대체되는 비율이 낮고(저위험) 변화율도 낮은(저변화) 그룹에 속한 것이다. 이 그룹은 듣고 이해하기, 읽고 이해하기, 말하기 등 의사소통과 관련된 능력에서 높은 값을 보여줬다.

이번 연구에서는 각 직업별로 업무능력대체비율(WARS)을 산출해 2025년 대체비율을 기준으로 고위험 및 저위험 집단을 분류했다. 또한 2016년부터 2025년까지 업무능력대체비율의 변화율을 이용해 고변화 및 저변화 집단으로 나눴다. 총 404개 직업을 '저위험-저변화', '저위험-고변화', '고위험-저변화', '고위험-고변화' 등 4개 집단으로 분류했다.

이때 WARS는 각 직업별 업무수행능력을 현직에 종사하는 이들을 대상으로 조사한 자료를 기초로 해, 전문가들이 현재 시점-2020년-2025년에 각각 기술에 의해 대체될 가능성에 대해 응답한 자료를 비교해 산출했다.

△ 저위험-저변화 직업(75개): 기술에 의해 능력이 대체되는 비율인 WARS가 낮고, 변화 정도도 낮은 직업군이다. 간호사(조산사 포함)를 비롯해 보육교사, 약사 및 한약사, 결혼상담원 및 웨딩플래너, 문리 및 어학 강사, 아나운서 및 리포터, 배우 및 모델, 초등학교 교사, 의무기록사, 웹프로그래머, 작가 및 관련 전문가, 정부 및 공공행정 전문가, 고객상담원(콜센터상담원), 광고 및 홍보 전문가, 사회복지사 등이다(「간호신문」, 미래 사라질 위험 낮은 직업 '간호사' 2017.04.11).

간호학과에 진학하는 경우 졸업 후에는 대부분 간호사라는 직업을 갖게 된다. 중 · 고등학교 교육과정에서 간호학과와 간호사에 대하여 사전에 많은 관심과 정보의 획득에 노력을 기울여야 한다. 직업 탐구는 직접체험이 가장 좋은 방법이다. 간호학과에 진학하고 간호사를 평생 직업으로 희망한다면 의료기관에서 일정기간 봉사활동 하는 것이 많은 도움이 된다. 시간, 장소, 환경의 어려움으로 직접체험이 불가능하다면 간접체험의 기회를 최대한 활용해야 한다. 간접체험의 방법으로 간호학, 간호사에 관한 박물관, 영화, TV 다큐멘터리, 동영상을 소개한다.

■ 간호 관련 박물관 ■

● 대한민국 역사박물관

○ 위치	서울시 종로구 세종대로 198 대한민국역사박물관
○ 연락처	02-3703-9200
○ 개관일시 ○ 개장시간 ○ 입장시간	오전 10시 ~ 오후 6시 (수요일, 토요일은 오후 9시까지 야간개장) 관람 종료 1시간 전까지 가능
○ 휴관일	1월 1일, 설날, 추석
○ 관람료	무료관람
○ 주요전시	기증 자료만으로 구성된 '산업역군의 해외진출' 코너는 독일로 파견 간 광부와 간호사, 중동 건설현장에서 일한 산업역군들의 삶을 전시하고 있다.

● 서울대학교 간호대학 간호학박물관(Museum of Nurseing Science)

○ 위치	서울대학교 간호대학 본관1층(서울시 종로구 혜화동 103/4호선 혜화역 3번출구)
○ 연락처	전화 02 740 8835 / 팩스 02 765 4103
○ 개관일시	월~금요일 AM 10:00~12:00, PM 14:00~17:00 토 · 일요일, 법정공휴일, 개교기념일(10월 15일) 휴관
○ 관람료	무료
○ 주요전시	상설전시, 기획전시, 하이라이트 등

● 연세대학교 간호대학 간호역사관

○ 위치	연세대학교 간호대학 (서울시 서대문구 연세로 50 간호대학)
○ 연락처	전화/팩스 02-2228-3234~5, 3366
○ 개관일시	학기 중 매주 목요일 오전 9시 ~ 정오 12시 (휴관일 : 방학기간)
○ 관람료	무료
○ 주요전시	연세간호에 공헌한 선교사/ 연세간호 100년사/ 임상교육의 발전/ 영상관 등

● 중앙대학교 적십자간호대학 역사관

○ 위치	중앙대학교 적십자간호대학 (서울시 동작구 흑석로 84)
○ 연락처	02-820-5660
○ 개관일시	학기 중 월 금요일 오전 9시~오후 6시(예약 필수)
○ 관람료	무료

■ 영화 ■

○ 간호사
장르 드라마 국가 : 미국 감독 : 래리 쇼
주연 로버트 로지아, 린지 와그너, 폴라 마샬, 세르지오 칼데론

○ 간호사의 일
장르 : 코미디 국가 : 일본 감독 : 모로사와 카즈유키
출연 : 미즈키 아리사, 마츠시카 유키, 간다 우노

○ 그녀에게(베니그노)
장르 : 드라마(멜로) 국가 : 스페인 감독 : 페드로 알모도바르
출연 : 하비에르 카마라, 다리오 그란디네티

○ 그리움의 종착역 (Endstation Der Sehnsuchte , Home From Home 2009)
장르 : 다큐멘터리 국가 : 한국 독일 감독 : 조성형
출연 : 우자-슈트라우스-킴, 루트비히 슈트라우스-킴

○ 마리안느와 마가렛(2017)
장르 : 다큐멘터리 국가 : 한국 감독 : 유세영
출연 : 마리안느 스퇴거, 마가렛 피사렉, 이해인

○ 서서평, 천천히 평온하게 (2017)
장르 : 다큐멘터리 국가 : 한국 감독 : 홍주연, 홍현정
출연 : 하정우, 윤안나, 안은새

○ 성원
장르 : 드라마 국가 : 중국 감독 : 마초성
출연 : 장백지, 임현제

○ 잉글리쉬 페이션트
장르 : 드라마 국가 : 미국 감독 : 안소니 밍겔라
주연 : 랄프 파인즈, 줄리엣 피노쉬, 윌렘 대포

○ 청춘의 증언(Testament of Youth 2014)
장르 : 드라마 국가 : 영국 감독 : 제임스 켄트
출연 : 알리시아 비칸데르, 킷 하링턴, 태런 에저튼

이외에도 아메리칸 너스(The Amercian Nurse 2014), 위기에 빠진 간호사(Nurse On The Lines 1993), 플로렌스 나이팅게일(Florence Nightingale 1985) 등이 있다.

■ 동영상 ■

서울시교육청에서 운영하는 서울진로진학센터 홈페이지 메인 화면에서 보실 수 있습니다.
○ 진로, 직업동영상 → 보건 · 의료 관련직 → 신직업의 발견 → 24 감염관리간호사
○ 진로, 직업동영상 → 보건 · 의료 관련직 → 신직업의 발견 → 72 간호간병간호사
○ 진로, 직업동영상 → 보건 · 의료 관련직 → 내일을 잡아라 → 병원코디네이터
○ 진로, 직업동영상 → 보건 · 의료 관련직 → 미래의 직업세계 → 의료관광코디네이터
○ 진로, 직업동영상 → 보건 · 의료 관련직 → 미래의 직업세계 → 간호사
○ 진로직업정보 → 주목받는 학과 동영상 → 간호사(중앙대학교)/ 출처 서울진로진학센터

한국고용정보원에서 운영하는 일자리 정보 사이트 워크넷에서 시청하실 수 있습니다.
○ 직업 · 학과 동영상 → 직업군별 → 보건 · 의료관련직 → 내일을 잡아라 간호사
○ 직업 · 학과 동영상 → 직업군별 → 보건 · 의료관련직 → 병원코디네이터
○ 직업 · 학과 동영상 → 직업군별 → 법률 · 경찰 · 소방 · 교도 관련직→ 검역관
○ 직업 · 직업 · 학과 동영상 → 학과정보동영상 → 간호학과
○ 직업 · 학과 동영상 → 계열정보동영상 → 의약계열

전국대학 입학처 홈페이지에서 간호학과 홍보동영상을 보실 수 있습니다.
○ 경희대학교 간호학과 홍보 동영상
○ 이화여자대학교 간호학과 홍보 동영상

EBSi
○ 입시정보 → 입시영상자료실 → 입시핫라인 → 간호학과

■ TV 다큐멘터리 ■

○ 간호사의 고백(SBS 스페셜 2016. 07. 31)

○ 간호사, 생명의 최전선에 서다(MBC 특집다큐멘터리 2015.08.08.)

○ 꽃보다 아름다운 그녀들, 글로벌 리더로 서다(KBS 다큐공감 2014.02.11.)

○ 나이팅게일 다이어리-소아병동 간호사의 24시(KBS 다큐멘터리 3일 2009. 04. 18.

○ 미스터 나이팅게일-대학병원 남자간호사 72시간(KBS 1TV 다큐멘터리 3일 2016. 06. 19.)

○ 희망의 꽃이 되리라. 캄보디아 최은경 간호사(KBS 특집다큐멘터리 2015. 06. 14.)

4. 독서습관

마이크로 소프트의 CEO 빌 게이츠는 "오늘의 나를 있게 한 것은 우리 마을의 도서관이었다. 하버드 대학 졸업장 보다 소중한 것은 독서하는 습관이다"라고 하였으며 미국의 사상가 헨리 데이비드 소로우는 "한 권의 책을 읽음으로서 자신의 삶에서 새 시대를 본 사람이 너무나 많다"라고 하였고, 교보문고 글자판에는 "사람은 책을 만들고 책은 사람을 만든다"라고 쓰여 있다. 성공하는 사람들의 불변의 공통점은 '독서습관'일 정도로 독서의 중요성은 아무리 강조해도 지나치지 않다. 우리 학생들은 일생 동안 3개 이상의 영역에서, 5개 이상의 직업과 12~25개의 서로 다른 직무를 경험하게 될 것이다. 위에서 언급한 자아발견, 진로 찾기, 직업 탐구는 인생에서 전환점을 맞이할 때마다 독서습관은 커다란 힘을 발휘할 것이다.

조선닷컴 2016. 03. 07자 창간 96주년 특집 읽기혁명 '책 많이 읽은 저소득층 자녀, 독서 안 한 중산층 자녀보다 수능점수 10~20점 더 받아' 제목의 기사는 많은 교훈을 주고 있다.

부모 가난해도 책 많이 읽으면 수능 성적 올라(표준점수 기준)

부모 월소득	과목	0권	11권 이상
200만원미만	언어	79.32	95.93
	수리	92.51	91.92
	외국어	83.70	90.54
200만~400만원 미만	언어	80.32	102.48
	수리	85.56	99.03
	외국어	81.91	97.91
400만원 이상	언어	91.23	107.82
	수리	97.42	104.68
	외국어	95.77	106.68

※2004년 당시 고3 4000명 조사, 수능은 2005학년도, 독서량은 고교 3년간 읽은 문학 서적 자료: 한국직업능력개발원

유사 이래 인류가 발견한 유·무형의 재화와 지식 중에서 가격 대비 성능 즉 가성비가 가장 높은 행위는 독서라고 확신한다. 일자리 보다는 일거리가 우선시되고 평생학습이 일반화되는 미래 노동시장에서는 독서의 중요성은 더 이상 강조할 필요가 없다.

독서활동은 수시모집 학생부종합전형에서 매우 중요한 비교과활동이며 면접의 질

문 문항으로 활용도가 높다. 간호학과 진학 예정자를 위하여 간호사에 관련된 단행본을 소개한다. 학생부 비교과 독서활동에 활용하기 바란다.

■ 추 천 도 서 ■

○ **간호대 가는 길**

오남경/ 흔들의자/ 2017.06

간호사 꿈꾸는 학생 위한 길라잡이 간호대학 지망생을 위한 가이드북

○ **간호사가 된다는 것**

P. BENNER 외/ 현문사/ 2012.10

간호사의 근본적인 변환을 위한 부름

○ **간호사가 말하는 간호사**

권혜림 외/ 부키/ 2004.10

서울대 2016학년도 지원자들이 가장 많이 읽은 단과대학별 도서 베스트 20 간호대학 1위. 여러 분야에서 일하는 13명의 간호사들이 간호사들은 무슨 일을 하는지, 어떤 어려움이 있는지, 그들의 일과 생활, 보람과 애환에 대해 솔직히 털어놓고 있다. 더불어 미국 간호사, 언더 라이터, 의료 소송 매니저, 항공 전문 간호사, 보건 교사 등 간호사의 새로운 영역에 대한 소개도 실려 있다.

○ **간호사 너 자신이 되어라**

한화순/ 한언출판사/ 2015.11

간호사를 위한 책은 많다. 그러나 대부분이 간호 업무를 소개하는 딱딱한 이론서일 뿐 진정한 간호인이 되는 데 필요한 전인적인 경험을 담은 책은 없다. 이 책은 시골 소녀였던 저자가 병원 파트장이 되기까지, 현장에서 터득한 30년 간호사 생활의 생생한 지혜를 담고 있다.

○ **간호사는 고마워요**

잭 필드 캔 마크 빅터 한센 외/ 원더 박스/ 2017.02

간호의 현장에서 수없이 만나는 좌절과 희망, 소망과 치유, 눈물과 웃음이 담긴 풍성한 이야기. 간호 분야 종사자들이 직접 경험하고 느낀 바를 쓴 글을 비롯해 간호사와의 특별한 기억을 간직한 이들이 보내온 글까지 더해, 감동과 공감을 불러일으키는 스토리 74편이 담겼다.

○ 간호사라서 다행이야

김리연/ 원더박스/ 2015.09

무작정 뉴요커가 되고 싶었던 여고생, 전문대생 무시하는 세상이 밉던 간호학생, 병원에서 탈출하고 싶어 독하게 공부한 신규 간호사… 꿈도 욕심도 많은 청춘 간호사의 공감 100퍼센트 성장기

○ 간호사의 모든 것 JOB 간호사

고정민 최규영 외/ 꿈결/ 2016.02

간호학과에 입학한 학생들이 간호사가 되기 위해 어떤 공부와 준비를 하는지부터 실제 현장에서 일하고 있는 현직 간호사들이 다양한 공간에서 어떻게 일하며 생활하고 있는지를 생생히 담았다. 더불어 직업 전문가가 간호사라는 직업의 정보와 전망 등을 통해 구체적인 직업의 세계를 소개하며 청소년 독자의 이해를 돕는다.

○ 간호사J의 다이어리

전아리/ 도서출판 답/ 2015.08

시내 외곽의 낡아빠진 종합병원. 이사장의 세례명을 딴 〈라모나 종합병원〉이지만 사람들은 〈나몰라 종합병원〉이라고들 부른다. 비듬투성이의 지저분한 닥터 박, 휑한 입원실에 드문드문 자리를 차지한 나이롱(?)환자들, 그리고 왕년에 좀 놀았던 간호사 소정. 대학병원의 멋진 수간호사가 되는 게 꿈이었으나 현실은 〈나몰라 종합병원〉에 취직된 것만으로도 감지덕지해야 할 판이다.

○ 간호사, 프로를 꿈꿔라!

도나 윌크 카르딜로/ 한언출판사/ 2005.06

머리와 가슴을 모두 사용하는 고귀한 직업이자 전문직인 간호업. 그래서 매일매일 보람으로 충만할 것 같지만, 정작 대부분의 간호사들은 3년을 넘기는 순간부터 고뇌와 매너리즘에 빠진다? 20년 경력의 베테랑 간호사인 저자의 경험과 직장생활 노하우가 듬뿍 담겨 있는 이 책은 간호사들만을 위한 자기 계발서로 취업에서 경력관리까지를 총망라하고 있다. 더불어 최근 관심이 높아지고 있는 '미국 간호사 되는 길'도 책 속 부록으로 수록했다.

○ 간호학입문

이태화/ 대한나라출판사/ 2015.03

간호대학생이 간호사로 성장해 나가는 방법과 길을 알려주는 간호학 입문서.

○ 꿈 찾는 십대를 위한 직업멘토

박소정/ 꿈결/ 2014.03

안정된 직업과 경제적 성공이 최고의 가치처럼 받아들여지는 현 사회에서 꿈은

저 멀리 밀어두고 입시 경쟁에 몰두하는 청소년에게 자신이 진정 원하는 것이 무엇인지 탐색할 수 있도록 용기를 북돋아 준다. 기적을 만든 돌봄 인생 간호학 박사 김수지 편.

○ **나는 파독 간호사입니다**

박경란/ 정한책방/ 2016.11

파독 간호사 50주년 기념, 파독 이민 1세대 인터뷰 기록집

2016년 한국출판문화산업진흥원 우수 출판 콘텐츠 최고 관심작!

MBC 〈무한도전〉, 영화 〈국제시장〉에 소개됐던 그녀들의 위대한 희망 메시지!

○ **나의 직업 간호사**

청소년행복연구실/ 동천출판/ 2014.05

이 책은 간호사가 되려고 하는 사람들에게 간호사의 직업 세계에 대한 정확하고 객관적인 정보를 담고 있어서 미리 간호사에 대한 적성 여부를 판단하는데 많은 도움을 줄 것이라고 생각한다.

○ **나이팅게일의 눈물**

게일/ Bg북갤러리/ 2011.02

대한민국에서 간호사로 살면서 경험하고 느꼈던, 환자들과의 일상을 기록한 임상(臨床) 에세이. 현직 간호사가 직접 쓴 《나이팅게일의 눈물》은 이제까지 포장되고 미화된 '백의의 천사'가 아닌 인간적인 간호사의 모습과 긴박하고 치열한 임상의 현실을 꼼꼼하게 기록한 책이다.

○ **내 심장을 쏴라**

정유정/ 은행나무/ 2009.05

생생하게 살아 숨 쉬는 리얼리티 폭넓은 취재를 바탕으로 한 치밀한 얼개

강렬한 흡인력을 갖춘, 분투하는 청춘들에게 바치는 헌사.

○ **당신이 있어 외롭지 않습니다**

전지은/ 웅진지식하우스/ 2012.01

수만 명이 살아도 이방인에게는 외로운 땅, 콜로라도 그곳에서 20년 간 마음을 나눈 간호사의 가슴 뭉클한 이야기 미국 병원의 한국인 간호사로, 그녀만이 볼 수 있고 위로할 수 있었던 이방인들의 아픔과 애틋함.

○ **레이첼 카슨 평전**

린다 리어/ 김홍옥 옮김/ 샨티/ 2004.11

〈침묵의 봄〉의 작가 레이첼 카슨의 삶을 다룬 평전. 레이첼 카슨이 남긴 업적과 함께 어려웠던 가정 환경, 그가 부양해야 했던 가족들과의 관계, 깊은 정을 나눴

던 주변 사람들, 글쓰기의 고통과 그 고통 속에서 발견한 충만감 등을 자세하게 다루고 있다.

○ **마지막 여행**

매기 캘러넌/ 이기동 옮김/ 프리뷰/ 2009.07

이 책은 말기 환자와 이들을 돌보는 사람들에게 존엄한 죽음을 위해 필요한 것이 무엇인지 안내해 주는 실천 지침서라 할 수 있다. 심폐소생술 시행 문제, 사전의료지시서 작성의 필요성과 연명 치료 등 존엄사와 관련된 주요 개념들을 노련한 호스피스인 저자가 20여 년간 현장에서 겪은 감동적인 사례들을 통해 풀어낸다.

○ **메풀 전산초 평전**

메풀재단/ 메풀 전산초학술교육재단/ 2012.07

나이팅게일을 뛰어넘어 시대의 영혼을 위로한 현대 간호학의 어머니라 불리는 메풀 전산초 박사의 모범적인 삶, 철학, 인생역정과 업적을 다룬 평전. 메풀은 늘봄 전영택과 독립유공자 채혜수의 딸로 태어나 나라를 위해 할일을 찾다 간호사의 길을 걸었다. 마흔네 살에 뜻한 바를 이루기 위해 네 아이를 두고 미국 유학길에 올랐고 돌아와서는 인간중심의 전인간호(全人看護 ; Comprehensive Nursing Care) 이론을 정립했다.

○ **미스터 나이팅게일**

문광기/ 김영사/ 2014.04

누구나 부러워하는 명예 대신 가슴 뛰는 삶을 선택한 한 남자 이야기 "남자라고 간호사 되지 말란 법이 있나요?" 삶의 열정을 일깨우고 자신의 참모습을 되돌아보게 할 눈부시도록 아름다운 도전기 "남들에게 보이기 위한 삶이 아닌, 내가 원하는 삶을 선택하기로 했다!"

○ **사랑의 돌봄은 기적을 만든다**

김수지/ 비전과 리더십/ 2010.12

서울대 2016학년도 지원자들이 가장 많이 읽은 단과대학별 도서 베스트 20 간호대학 3위

자신만의 간호철학으로 사람들의 인생을 피어나게 하다! 간호계의 노벨상, '국제간호대상' 수상 진정한 돌봄으로 한국 간호학계의 역사를 새로 쓰다.

○ **생명 윤리 이야기(꿈꾸는 과학, 도전 받는 인간)**

권복규/ 신동민 그림/ 책세상/ 2007.05

유전자 결정론과 유전자 정보, 줄기세포 연구, 인간 복제, 황우석 사건과 연구 윤리, 장기 이식, 뇌사와 안락사 논쟁, 이종 이식, 인공 장기 등 현대 생명 윤리의 주

요 이슈를 찬반 논쟁을 중심으로 하나씩 짚어보는 책.

○ 어느 간호사의 고백

권희선/ 부크크/ 2017.06

오랜 시간 환자의 가장 가까운 곳에서 같이 울고 웃으며 인생의 희로애락을 함께 한 9년차 간호사의 진솔한 이야기. 삭막하고, 무서운 이야기만 가득할 것 같은 병원. 그 병원에서 벌어지는 우리의 인생이야기.

○ 20대 세계무대에 너를 세워라

김영희/ 동아일보사/ 2010.03

책상 위에 세계지도를 펼쳐놓고 외교관을 꿈꾸던 소녀, 김영희. 아무 것도 가진 것 없던 자신의 인생을 열기 위해 쉼 없이 도전해야 했던 이십대 시절, 그리고 외교관으로서 국제무대에서 쌓은 다양하고 생생한 경험은 그의 자산인 동시에 젊은 후배들과 나누고 싶은 소중한 재산이 되었다.

○ 장관이 된 간호사

김화중/ 강빛마을/ 2004.05

이 책은 평생 간호사를 자처하는 전직 보건복지부 장관 김화중의 자전적 인생 이야기로, 간호사가 되기를 꿈꾸며 공부하던 시절부터 대학교수, 국회의원, 장관이 되기까지의 인생 여정이 때로는 흥미진진하게 때로는 담담하게 펼쳐진다.

○ 좋은 간호사 더 좋은 간호

엄영란/ 정담미디어/ 2017.01

대한민국 간호사의 생생한 긍정의 힘

○ 코이 간호과생 그림일기

윤영미/ 북랩/ 2015.06

미래의 나이팅게일을 꿈꾸는 간호학과 학생의 좌충우돌 성장 스토리

네이버 블로그에 연재되어 독자들의 '폭풍 공감'을 이끌어냈던 화제의 만화!

○ 10대를 위한 직업의 세계 04 간호사편

스토리텔링연구소/ 삼양미디어/ 2015.05

해당 직업인이 되기 위해서 반드시 해야만 하는 것들과 실제 어떤 일을 해야 하고, 어떤 능력이 무엇보다 요구되는지 등등 사실적이고, 구체적으로 설명하고 있으며, 가장 최근의 직업 전망은 물론 대표 직업인의 인터뷰를 통해서 실제 직업 선택 전에 요구되는 모든 정보를 제공한다.

II. 선택과 집중(Selection & Concentrate)

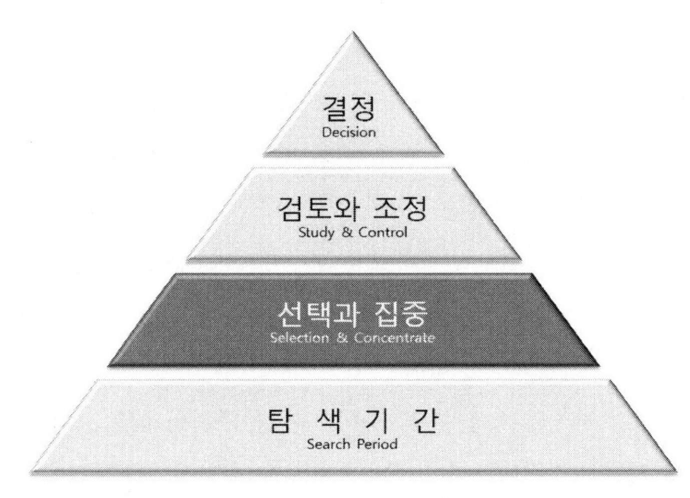

〈표 4〉 대학입시 4단계(선택과 집중)

대학입시 4단계에서 제2단계는 선택과 집중 단계이다. 선택하면 떠오르는 단어가 있다. 고등학교 사회탐구 경제과목에 나오는 기회비용(機會費用, opportunity cost)과 매물비용(埋沒費用, sunk cost) 개념이다. 기회비용이란 주어진 시간과 돈 안에서 어떤 선택을 한다는 것은 다른 선택의 기회를 잃어버리게 된다는 의미이며, 매몰비용이란 지출하고 난 뒤 회수할 수 없는 비용이다.

이미 지불한 비용은 선택으로 발생한 비용이 아니므로 선택할 때 고려해서는 안 된다. 내가 한 선택의 비용은 잃어버린 다른 선택의 기회가 되는 것이다. 어떤 선택으로 포기하게 되는 많은 선택 가능성 중에서 가장 가치 있는 것의 보유하고 있는 가치를 '기회비용'이라고 한다.

"이 세상에 공짜는 없다"라는 말은 이 원리를 잘 표현한다. 간호학과 진학을 선택하는 순간, 다른 학과 진학을 포기해야 된다. 간호학과의 선택이 매몰비용이 되지 않게 하려면 정확한 정보와 세심한 관심을 기울여야 한다.

1. 간호학과의 선택

학벌 보다 능력이 중시되는 사회로의 전환은 대학보다 전공 선택의 중요성을 증가시킨다. 대학의 계열은 인문계열, 사회계열, 자연계열, 공학계열, 의학보건계열, 교육계열, 예체능계열 등 크게 7개의 계열로 구분할 수 있다. 각 계열별로 학문적 특성과 요구되는 적성 그리고 졸업 후 사회 진출 영역은 대부분 전공과 비슷하게 나타난다.

수험생과 학부모가 진학하고자 희망하는 대학과 학과에 합격한다면 더 이상의 바람이 없겠지만 대부분의 경우 진학하고자 하는 대학과 희망하는 학과 사이에 고민을 거듭하게 된다. '대학이 먼저냐? 전공이 먼저냐?'는 '닭이 먼저냐? 계란이 먼저냐?'의 오래된 논제처럼 정확한 해답이 없다.

목표대학은 자신의 적성, 흥미, 주어진 환경, 주위의 희망, 미래 직업 탐구, 인생 로드맵 등을 고려하여 선택하여야 하지만 자신의 예상 성적이 목표대학의 지원하고자 하는 전공에 미달할 경우 심각한 고민에 빠지게 된다. 상위권 수험생의 경우 어느 정도 대학과 전공 선택의 여유가 있고 대학을 우선순위에 두고 대학입학 후 복수전공, 부전공을 선택하여 전공의 영역을 확대할 수 있지만 중위권, 하위권 수험생의 경우 철저하게 전공 위주로 입시전략을 수립하는 것이 바람직하다. 상위권 대학에 합격하고도 다른 대학 의대, 치대, 한의대로 진학하는 경우와 상위권 대학 상경계열을 졸업하고도 로스쿨에 진학하는 경우를 보면 대학의 명성보다는 전공이 우선시 되는 사회로 진입되었다고 볼 수 있다.

진학 상담을 하다보면 자신의 능력을 과신하여 무리한 목표를 설정하는 경우가 있다. 상담 사례로 M학생은 의대 진학을 희망하지만 성적을 살펴보면 도저히 가능성이 없어 보였다. 결론은 미래 유망 전공으로 떠오르는 보건의료분야의 의용공학과을 추천하여 주었으며 어렵지 않게 합격하여 활기찬 대학생활을 보내고 있다. 인문계열에서도 명문대에는 개설되어 있지 않지만 졸업 후 사회에서 유용하게 활용될 수 있는 전공이 많이 개설되어 있다.

어문계열의 경우 영어, 중국어, 일본어, 프랑스어, 러시아어 등의 주요 외국어를 제외하고 특수외국어를 눈여겨 볼만하다. 우리나라와 3대 교역권인 아세안 10개국 중에서 새롭게 부상하고 있는 미얀마의 미얀마어와 캄보디아의 캄보디아어 라오스의 라오어는 부산외국어대학교 동남아창의융합학부에만 학과가 개설되어 있으며, 베트남어는 한국외대, 부산외대, 영산대, 청운대 등 4개 대학에 마인어(말레이, 인도네시아어)는 한국외대, 부산외대, 영산대 등 3개 대학에 개설되어 있다. 앞서 언급한 특수외국어와 연관 산업인 교육 금융 무역 통상 물류 의료 등을 접목시킨다면 취업이 한결 쉽게 해결될 수 있다. 따라서 사회 수요에 비해서 인력 공급이 적고 미래발전성이 있는 학과에 주목해야 한다. 요즈음 '문과라서 죄송합니다'라는 문송이라는 말이 있다. 인문계열에도 레드오션(red ocean)만 있는 것은 아니다.

간호학과는 전공의 특성으로 교직을 제외한 복수전공, 부전공이 어렵고 특별한 경우를 제외하고 졸업 후 경력을 쌓기 전까지 진로가 의료기관, 공무원 등으로 제한적이다. 간호학과는 상위권 대학부터 하위권 대학 그리고 4년제 대학과 전문대학 주간과 야간 등 200개 넘는 대학이 간호학과를 개설하여 다양하게 분포되어 있어 성적에 따라 선택의 여지가 넓으며 전문대학의 경우 편입의 문도 열려 있다.

2. 문과계열과 자연계열의 선택

간호학과의 대학별 전형방법을 살펴보면 자연계열만 선발하는 대학, 인문계열과 자연계열을 분리 모집하는 대학, 수학 가형(이과 수학)과 과학탐구 영역의 가산점을 부여하여 자연계열을 우대하는 대학, 인문계열과 자연계열 구분 없이 동일하게 선발하는 대학 등 네 가지 유형으로 나누어진다.

간호학과는 다수의 대학이 고등학교 교육과정 자연계열 이수자에게 입학자격을 부여하지만, 일부 대학은 문과계열 이수자에게 분할모집을 실시하고 있다. 문과계열 자연계열 분리모집 대학은 가천대(메디컬캠퍼스 인천), 가톨릭대(성의교정 서울), 강원대(춘천), 경희대, 성신여대, 아주대(교차지원), 연세대(서울), 연세대(원주), 이화여대, 인하대, 중앙대, 한양대, 일부 전문대 등이 있다.

따라서 간호학과 진학을 희망한다면 대학 입학 후 학업 적응을 위해서 가급적 자연계열로 고등학교 과정을 이수하는 방법이 바람직하지만 인문계열 이수자도 간호학과 진학의 길이 열려 있다. 필자의 경우 인문계열 진학상담자 중에서 수시전형으로 3개 대학 간호학과에 합격하여 그 중 수험생이 선택한 대학에 입학, 보람찬 대학생활을 보내고 있다. 자세한 사항은 제4부 간호학과 입학전형을 참고하기 바란다.

3. 수시와 정시의 선택

현행 대학입시 제도는 신속한 판단과 정확한 정보의 활용이 대학 합격과 불합격에 커다란 영향을 미친다. 제1단계 탐색기간 제2단계 선택과 집중의 과정을 거치면서 초지일관의 자세로 나아가지 않으면 실패할 확률이 매우 높다.

대학 입시에서 수시전형은 점차 확대되고 있으며 학생부전형에서 학생부종합전형은 점차적으로 증가하고 있다. 대학 모집 정원에서 2015학년도는 수시 64.0% 정시 36.0%, 2016학년도는 수시 66.7% 정시 33.3%, 2017학년도는 수시 69.9% 정시 30.1%를 선발할 예정이며, 2018학년도는 수시73.7%(259,673명) 정시 26.3%(92,652명), 2019학년도는 수시 76.2%(265,862명) 정시 23.8%(82,972명)을 선발한다. 대학 입시 전형의 여러 가지 요소인 학생부, 논술, 적성, 특기, 수능 가운데 핵심은 수능임을 명심해야 한다.

진학 상담할 때 가장 핵심적으로 하는 질문은 수험생과 학부모가 최종적으로 허용할 수 있는 전공과 대학의 선택이다. 대부분 진학하고 싶은 전공과 대학만 머리에 그리고 있지, 진학 할 수 있는 전공과 대학은 생각하지 않는다. 역설적으로 말하면 안정적으로 합격할 수 있는 전공과 대학의 최저치를 확정한다면 입시전략을 합리적으로 수립할 수 있다.

수시전형은 보통 3학년 1학기가 종료되는 시점을 기준으로 고교 교육과정 중에 실시되는 전형이다. 수능 성적으로만 학생을 선발하지 않고 다양한 능력과 재능을 반영하기 위해 정시모집에 앞서 대학이 자율적으로 기간과 모집인원을 정해서 신입생을 선발하는 전형이다. 수시모집에 합격하면 정시모집에 응시할 수 없다. 재학생의 경우 특별한 경우를 제외하면 수시전형에 주력하는 것이 원칙이다. 매년 학생부종합전형을 비롯한 수시전형 인원이 증가하고 있다. 수시전형의 입시 전략을 간략하게 알아본다.

■ 수시전형 입시전략 ■

○ 재학생은 수시에 집중한다

재학생은 수능의 N수생 강세 현상, 수시 지원 6회 제한, 수시 모집 미등록 충원, 수시 모집인원 증가로 인해 특수한 사례를 제외하고 수시전형에 정시전형 보다 많은 비중을 두어야 좋은 성과를 얻을 수 있다. 학생부종합전형의 확대는 고등학교 입학부터 꾸준히 준비하여야 좋은 결과를 거둘 수 있다. 2019학년도 전국 196개 대학 모집정원 348,834명 중 수시 265,862명(76.2%) 정시 82,972명(23.8%)을 모집한다.

○ 모의고사 성적을 평가하여 지원 대학을 결정한다

수능 성적이 우수하면 정시뿐만 아니라 수시합격의 가능성을 높일 수 있다. 수능최저학력기준의 확보는 학생부교과전형, 논술전형 적성고사전형 등 수능최저가 있는 대입전형의 수시 합격의 필수조건이다. 수능은 수시모집과 정시모집의 합격을 좌우하는 중요한 상수이다. 수능최저학력기준 적용여부와 기준을 정확하게 파악하고 대비해야 한다.

○ 학벌인가, 전공인가?

상위권 수험생들의 경우 정시의 여유가 있지만 중위권 이하의 수험생인 경우 학교의 명성이나 학벌 보다는 적성, 흥미, 환경, 미래의 산업 전망, 인생 로드맵 등을 먼저 고려하여 전공을 결정하는 것이 바람직하다. 미래의 직업세계는 일자리가 아니라 일거리 위주로 재편될 전망이며, 급격한 시대의 변화에 적응하여야 한다.

○ 냉철하게 객관화하라

대학 입시는 사회로 진출하는 시험대이자 관문이다. 비슷한 성적과 스펙으로도 결과는 판이하게 다르게 나타난다. 수험생, 학부모, 선생님, 전문가의 의견을 최대한 반영하여 '나'를 냉철하게 객관화하라. 이것만이 실패를 최소화하는 방법이다. 대학입시는 가고 싶은 대학을 선택하는 것이 아니라 갈 수 있는 대학에 집중하여야 한다.

○ 철저히 준비하라

유비무환(有備無患) 입시전형을 선정하였다면 철저히 준비하라. 학생부교과, 학생부종합, 논술, 적성, 면접 등 전형은 다양하다. 취사선택하여 경주하는 말처럼 앞만 보고 나가야 한다. 기회는 한 번 밖에 없다고 생각하자. 수시모집의 전형별 모집인원을 보면 학생부교과, 논술, 적성검사 전형의 모집은 줄고, 학생부종합전형의 모집은 증가했다. 빠른 준비가 좋은 결과를 얻을 수 있다.

4. 집중

올바른 탐색과 현명한 선택을 했다면 집중해야 한다. '법은 도덕의 최소한이다'라는 격언처럼 집중은 합격의 최소한이다. 입시 준비기간의 길고, 짧음을 떠나서 집중의 시간을 갖지 않고 목표대학에 합격한 사례는 보지 못했다. 집중단계에서 대입에 실패하지 않으려면 스마트폰, 인터넷, 게임, 텔레비전, 이성 친구, 음주 등 불필요한 방해요소는 가급적 배제해야 한다. 목표하는 대학에 진학하겠다고 설정했다면 얼마간의 희생을 각오해야 한다. 모든 역량을 입학하고자 하는 대학 진학정보의 수집 입시전형의 분석에 집중해야 한다.

장래 진로, 목표대학, 전공과 학과, 입시전형이 확정되었다면 좌고우면(左顧右眄)하지 말고 앞만 보고 가야 한다. 고등학교 입학식에서 부터 수능일까지 고등학생에게 1학년 1학기부터 3학년 2학기 까지 다섯 학기와 두 달, 날짜로는 31개월 정도의 기간이 주어진다. 매학기 마다 중간고사, 학기말고사, 수행평가, 독서활동, 봉사활동, 체험활동, 진로활동, 논문발표, 축제, 체육대회, 수학여행 등 교내외 활동을 수행해야하기 때문에 절대 여유로운 기간이라 할 수 없다.

집중단계에서 슬럼프가 온다면 서울대 재료공학부 황농문 교수의 저서 '몰입(think hard)'과 20세기 최고의 에세이라 불린 헬렌 켈러의 '3일만 볼 수 있다면'을 읽어 보길 권장한다. 또한 공부법전문연구소 스터디코드 조남호 대표의 동영상을 보면 많은 도움이 되리라 확신한다.

3일만 볼 수 있다면

헬렌 켈러

첫째 날에는
나는 친절과 겸손과 우정으로 내 삶을 가치 있게 해준
설리번 선생님을 찾아가,
이제껏 손끝으로 만져서만 알던 그녀의 얼굴을
몇 시간이고 물끄러미 바라보면서,
그 모습을 내 마음 속에 깊이 간직해 두겠다.
그리고 밖으로 나가 바람에 나풀거리는 아름다운 나뭇잎과 들꽃들,
그리고 석양에 빛나는 노을을 보고 싶다.

둘째 날에는
먼동이 트며 밤이 낮으로 바뀌는 웅장한 기적을 보고 나서,
서둘러 메트로폴리탄에 있는 박물관을 찾아가,
하루 종일 인간이 진화해 온 궤적을 눈으로 확인해 볼 것이다.
그리고 저녁에는 보석 같은 밤하늘의 별들을 바라보면서
하루를 마무리하겠다.

마지막 셋째 날에는
사람들이 일하며 살아가는 모습을 보기 위해 아침 일찍 큰 길에 나가,
출근하는 사람들의 얼굴 표정을 볼 것이다.
그리고 나서, 오페라하우스와 영화관에 가 공연들을 보고 싶다.
그리고 어느덧 저녁이 되면,
네온사인이 반짝거리는 쇼윈도에 진열돼 있는
아름다운 물건들을 보면서 집으로 돌아와,
나를 이 사흘 동안만이라도 볼 수 있게 해주신
주님께 감사 기도를 드리고,
다시 영원히 암흑의 세계로 돌아가겠다.

대학입시에서 정보의 중요성은 두말 할 필요가 없다. 대학입시에 유용한 정보를 제공하는 인터넷 사이트를 소개한다. 정확한 정보의 수집과 적절한 활용은 대학입시 성공의 지름길이다.

■ 대학입시 정보 사이트 ■

○ 거인의 어깨(http://www.estudycare.com)
김형일 소정이 운영하는 서울특별시 강남교육지원청 입시컨설팅 부문 등록 기업

○ 네이버 카페 국자인(http://cafe.naver.com/athensga)
네이버 최고의 입시 커뮤니티 카페

○ 다음 카페 파파안달부루스(http://cafe.daum.net/papa.com)
다음 최고의 입시 커뮤니티 카페

○ 미즈내일 교육사이트(http://www.miznaeil.com)
내일신문이 운영하는 학교와 가정을 잇는 교육주간지

○ 베리타스알파(http://www.veritas-a.co)
학교에서 직접 구독하는 유일한 교육 신문, EBS에 교육 기사를 공급하는 유일한 교육 신문

○ 서울진로진학정보센터(http://www.jinhak.or.kr)
교육연구정보원 운영, 진로, 대학진학 정보, 심리검사, 상담 안내

○ 어디가(http://www.adiga.kr)
교육부가 운영하는 대입정보포털 서비스
대학, 학과, 진로, 전형 정보, 학습진단, 온라인대입상담, 설명회일정표, 매거진 제공

○ 인천진학연구소 다음카페(http://cafe.daum.net/incheonjinhak)
간호학과, 금융학과 전문 진학 컨설팅 카페

○ 진학닷컴(http://www.jinhak.com)
정보, 대학별 모집 요강, 원서접수, 상담, 내신산출, 수능 등급컷, 배치표, 진학설계 수록

○ 한국교육과정평가원(http://www.kice.re.kr/index.do)
  7차 교육과정, 학력평가원, 대학수학능력시험, 수능, 이의신청, 국가수준 학업 성취도 평가
○ EBSi교육방송(http://www.ebsi.co)
  수능연계 온라인 공교육 방송
  고등학교 국어, 수학, 영어, 한국사, 사회, 과학, 직업 탐구, 제2외국어, 수시, 논술, 입시

정시전형은 대학수학능력시험(수능)의 영향력이 절대적이다. 재학생의 경우 수시의 전형요소 보다 모의고사 성적이 높게 나오거나, 재수를 각오하고 수시전형으로는 목표대학에 도달할 수 없는 경우에만 한정해야 한다. 정시 간호학과 전형방법은 수능 100%로 모집하는 대학이 대부분이다. 일부 대학에서 학생부를 반영하고 있으나 실질 반영 비율이 매우 낮은 편이다. 또한 대학별로 수능영역 수를 다르게 반영하므로 정확한 입시정보의 분석이 전제되어야 한다.

III. 검토와 조정(Study & Control)

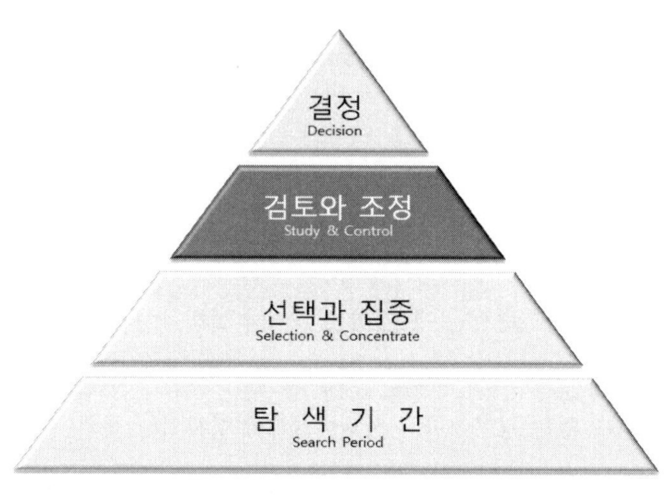

〈표 5〉 대학입시 4단계(검토와 조정)

인간의 상식으로 판단해 볼 때 신(God)의 행위도 100% 완전하다고 할 수는 없지만, 더욱 인간의 결정이 완벽할 수는 없다. 제1단계 탐색기간과 제2단계 선택과 집중의 과정을 무리 없이 진행했더라도 제3단계 검토와 조정이 필요한 시점이 있다.

검토와 조정이 필요 없다면 더할 나위 없이 좋겠지만 검토와 조정이 요구된다면 과감하게 결단하여야 한다. 검토와 조정 단계의 가장 중요한 요소는 정확한 정보를 바탕으로 하는 올바른 의사결정이다. 대학, 전공, 전형, 교차지원 등의 검토와 조정이 좋은 예라 할 수 있다. 검토와 조정 단계에서 변경이 필요하다면 중요한 사항을 점검하여야 한다. 다음은 검토와 조정 단계의 체크 포인트이다.

○ 나(수험생)의 의사가 충분히 반영된 선택인가?
○ 최적의 입시정보와 입시전문가의 도움을 받았는가?
○ 깊은 성찰 없이 순간적 판단으로 결정하지 않았는가?
○ 나의 적성과 흥미와 적합한가?

○ 현재의 목표대학과 전공보다 상위대학과 전공에 입학이 가능한가?
○ 대학 입학 후 학업은 무리 없이 가능한가?
○ 미래 산업과 직업 전망은 어떠한가?
○ 인생의 로드맵은 설정되었는가?

검토와 조정 단계는 심사숙고하여 결정하여야 하며, 수험생의 의사가 최우선으로 고려되어야 한다. 학부모와 선생님 그리고 입시전문가의 의견을 충분히 고려하여 최적의 결과를 이끌어 낼 수 있도록 의사결정 과정을 투명하게 진행해야 한다. 검토와 조정 단계에 도달했다면 여유시간이 많지 않음도 명심해야 한다.

『돈이란 무엇인가』(데이비드 크루거, 존 데이비드 만 지음/ 한수영 옮김/ 시아출판) 'Chapter 14_ 펭귄이 날지 못하는 이유'는 탐색기간, 선택과 집중, 검토와 조정, 결정 단계의 교훈적인 이야기이며, 특히 검토와 조정 단계에 참고하기에 대단히 유익하다.

"한 무리의 펭귄이 모여서 그동안 자신들을 괴롭혀온 문제에 대해 논의했다 자기들이 새라는 사실과 상식적으로 새는 날 수 있다는 사실을 알고 있었다. 그리고 다른 새가 나는 것도 본 적이 있었다. 하지만 자기들 중에는 나는 펭귄이 없었다. 솔직히 펭귄이 나는 것을 본 적이 있는지 기억도 나지 않았다. 그렇다면 무엇이 그들의 잠재력이 발휘되는 것을 방해하는 것일까? 이 질문의 답을 알고 있던 펭귄은 한 마리도 없었다. 그래서 동기부여 세미나에 참석해서 도움을 받기로 결정했다. 드디어 세미나 날이 되었고, 강의에 큰 기대를 건 펭귄들이 하나둘씩 모여 강당을 가득 메웠다. 몇 가지 광고가 있은 후, 강사 소개와 함께 본격적으로 세미나가 시작되었다.
"오늘 이 자리에 오신 펭귄 여러분, 저도 그 마음을 잘 이해합니다. 지금 여러분이 겪고 있는 좌절감이 어떤 건지 백분 이해합니다. 오늘 저는 여러분에게 이 말씀을 드리고 싶습니다. 여러분은 날 것입니다. 여러분의 발목을 잡고 있는 것은 다름 아닌 여러분 자신입니다. 그저 스스로 날 수 있다고 믿고, 해 보십시오!"
"자, 이렇게 저를 따라 해보십시오." 강사는 양팔을 움직이기 시작했다. 그리고 참석한 펭귄들에게도 양 날개를 파닥여 보라고 했고, 자신이 나는 모습을 머릿속에 그리라고 요청했다. 그 가운데에도 펭귄들에게 힘을 실어주는 격려의 말을 잊지 않았다. 하지만 펭귄들은 꼼짝도 않고 가만히 앉아 있었다. 마침내 펭귄 하나가 일어나서 날개를 움직이기 시작했다. 아주 열심히 빠르게 움직이자, 곧 발이 바닥에서 떨어졌고, 강당을 날아다니기 시작했다! 그러자 다른 펭귄들이 이 모습을 보고는 강한 충격을 받았다. 그러고는 너 나 할 것 없이 날개를 움직였고, 곧 강당에는 날아다니는 펭귄과 기쁨의 환호성이 가득했다. 정말로 놀라운 광경이었다.

강의가 끝났을 때, 펭귄들은 너무 고마워서 강사에게 5분간 기립박수를 보냈다.

모든 일정을 마치고 펭귄들은 집으로 걸어서 돌아갔다."

IV. 결정(Decision)

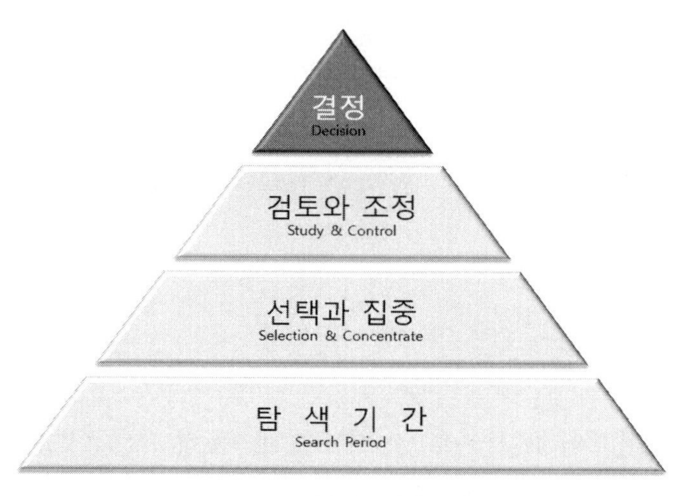

〈표 6〉 대학입시 4단계(결정)

탐색기간과 선택과 집중 그리고 검토와 조정 단계를 거쳤다면 최종적으로 결정단계를 맞이하게 된다. 수시모집의 학생부교과, 학생부종합, 논술, 적성전형이 결정되었다면 수시 6회의 기회를 어떤 방식으로 지원할 것인가의 문제가 남는다.

재수, 삼수를 하더라도 반드시 목표대학과 전공에 진학하겠다는 수험생의 경우는 별개로 하더라도, 재학생의 경우 수시 6회 지원의 전략적 접근이 필요하다. 수험생과 학부모 선생님의 의견이 일치한다면 문제가 발생하지 않겠지만 불일치한다면 어떤 방식으로 해결할 것인가?

필자의 진학상담 경험을 바탕으로 수시 6회 지원전략을 나누어보면 여섯 가지 유형의 지원 형태로 나타난다. 지원 유형은 수험생의 여러 가지 조건과 환경에 따라 신중하게 결정하여야 한다. 어느 유형이 우월하거나 유리하다고 할 수 없으나 수직적 지원 형태, 삼각형 지원 형태, 항아리형 지원 형태에서 선택하는 방법을 적극 권장한다.

먼저 용어의 정의부터 살펴보기로 한다.

○ 안정지원

학생부, 모의고사, 과년도 성적을 평가, 분석한 결과 합격 가능성이 확실한 경우

○ 적정지원

학생부, 모의고사, 과년도 성적을 평가, 분석한 결과 합격 가능성이 적절한 경우

○ 소신지원

학생부, 모의고사, 과년도 성적을 평가, 분석한 결과 합격 가능성이 낮지만 전략적으로 상향 지원하는 경우

1) 수평적 지원 유형

최상위권 수험생에서 주로 나타나는데, 재수를 하더라도 어느 수준 이하의 대학은 절대 진학하지 않겠다는 유형이다. 성적 차이가 거의 없는 의대, 치대, 한의대와 특수목적대학(특수목적대 등)과 특수한 전공(항공운항학과, 항해학과 등)에 주로 나타난다. 또는 성적 부진으로 인하여 일정 이상의 대학에 합격할 수 없을 경우 나타날 수 있는 지원 유형이다.

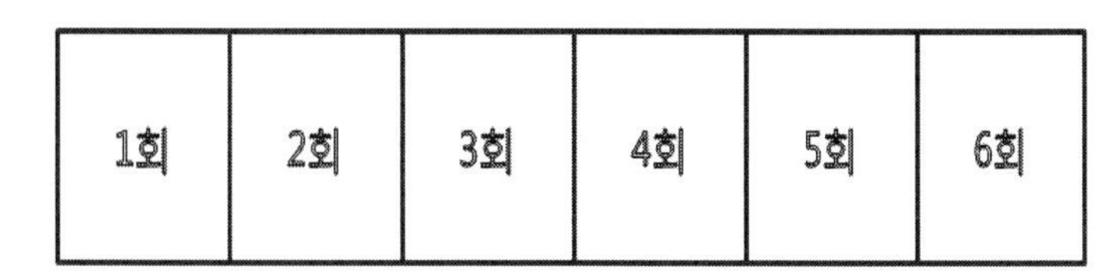

1회	2회	3회	4회	5회	6회

〈표 7〉 수평적 지원 유형

2) 수직적 지원 유형

중·상위권 수험생에게서 주로 나타나는데 목표대학과 전공을 확실하게 결정하고 적정지원을 중심으로 수시 6회를 안정, 적정, 소신지원을 2 : 2 : 2로 배분하여 지원하는 유형이다.

〈표 8〉 수직적 지원 유형

3) 삼각형 지원 유형

가장 안정적인 지원 형태로 목표대학과 전공의 하한선을 결정하고 안정 3회 적정 2회 소신 1회로 배분하여 지원하는 경우이다. 안정권의 대학에 3회 지원하여 합격가능성을 높이는 지원 유형이다.

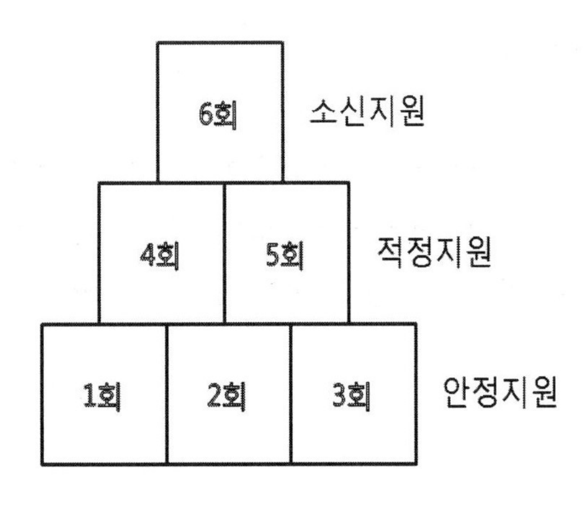

〈표 9〉 삼각형 지원 유형

4) 역삼각형 지원 유형

합격 안정권의 대학이나 전공을 안정 1회, 적정 2회, 소신 3회로 배분하여 지원하는 역삼각형 지원 형태로 1번의 안정 지원 대학이 확실하게 합격한다는 전제 하에 가능한 공격적인 지원 유형이다.

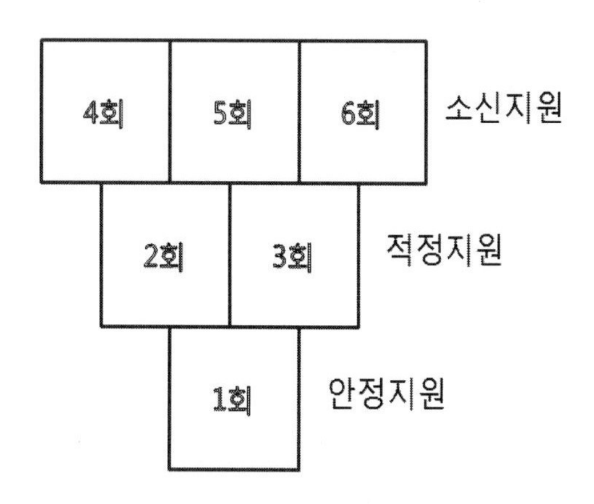

〈표 10〉 역삼각형 지원 유형

5) 항아리형 지원 유형

적정 지원을 중심으로 구성하는 지원 전략이다. 합격 안정권의 대학이나 전공을 안정 2회, 적정 3회, 소신 1회로 배분하여 지원하는 유형으로 가장 일반적으로 활용할 수 있는 대학 지원 전략이라 할 수 있다. 특히 재수를 기피하는 재학생의 경우 적합한 지원 유형이다.

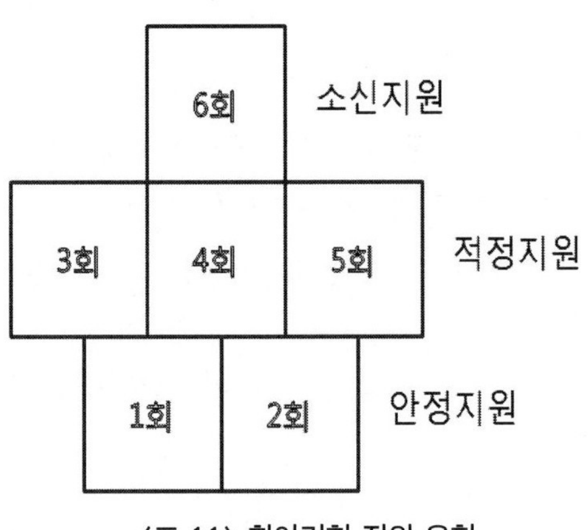

〈표 11〉 항아리형 지원 유형

6) 기타 지원 유형

재수, 삼수를 불사하고 희망대학을 목표로 제한적으로 지원하는 경우와 수시횟수에 포함되지 않는 특수대학(경찰대학, 사관학교, 디지스트, 유니스트, 지스트, 카이스트, 한국전통문화대 한국종합예술학교 등)에 지원하는 형태이다. 실제 진학상담 수험생 중에서 삼수 도전 끝에 목표대학에 진학한 사례가 있고 매우 만족한 대학생활을 지내고 있다.

대학교육협의회 2016.10월 보도 자료에 의하면 2017학년도 1인당 수시 평균지원 횟수는 4.47회로 2016학년도에 비해 0.15회, 3.5% 증가하였다. 따라서 위의 수시 6회 지원 형태는 대학 지원에 참고자료로만 활용하기 바란다.

수시전형 지원계획표를 게재하니 1학년부터 학기에 한번은 수험생과 학부모가 직접 작성하여 검토하고 최종 수시전형 결정에 적극 활용하기 바란다.

〈표 12〉 수시전형 지원계획표 I

구분			예시 I	1지망	2지망	3지망
지원대학			간호대			
지원학과(전공)			간호학과			
전형유형			학종			
정원(모집/수시)			40/28			
원서 접수일			9.10-13			
서류제출 마감일			10.15			
대학별 고사일			10.29			
1단계 합격자 발표일			10.22			
최종 합격자 발표일			12.14			
수능 최저학력 기준			없음			
전형요소별 반영 비율(%)			학생부50 /면접50			
학생부실질 반영 비율			50%			
학생부 교과성적 반영비율(%)			50%			
학생부 성적	교과 전체평균 등급		2.08			
	과목별 평균 등급		2.11			
	대학별 반영점수(만점)		94(100)			
모의고사성적	6월	등급	2.30			
		백분위	93			
	9월	등급	2.28			
		백분위	94			

〈표 13〉 수시전형 지원계획표 II

구분			예시 II	4지망	5지망	6지망
지원 대학			간호대			
지원 학과(전공)			간호학			
전형 유형			논술			
정원(입학/모집)			30/3			
원서 접수일			9.10-13			
서류제출 마감일			없음			
대학별 고사일			10.29			
1단계 합격자 발표일			없음			
최종 합격자 발표일			12.14			
수능 최저학력 기준			2합6			
전형 요소별 반영 비율(%)			논술70 / 교과30			
학생부 실질 반영 비율			30%			
학생부 교과성적 반영 비율(%)			30%			
학생부 성적	교과 전체 평균 등급		1.94			
	과목별 평균 등급		1.83			
	대학별 반영점수(만점)		965(1000)			
모의고사성적	6월	등급	1.99			
		백분위	97			
	9월	등급	1.98			
		백분위	97			

정시는 수능의 영향력이 절대적이다. 정시는 6월과 9월 한국교육과정평가원 모의고사 성적을 토대로 하여 지난해의 목표 대학 입학성적, 배치표, 경쟁률을 토대로 지원을 결정한다. 모집 시기(가/ 나/ 다군)를 유효적절하게 선택하되 합격하고자 하는 대학을 중심으로 소신지원과 안정지원을 선택, 정시 지원전략을 수립하는 것이 바람직하다. 대학별 수능, 학생부의 반영영역과 반영비율 그리고 수능의 특정영역이나 과목의 지정여부, 수능 성적 반영의 가중치와 가산점을 검토하여 최적의 전형을 확정해야 한다.

2019학년도는 수능 시험일이 11월 15일(목요일), 수능 성적 발표일이 12월 5일(수요일)이므로 수능성적 통지 이후 최종 지원대학과 학과를 결정한다.

정시전형 지원계획표를 게재하니 학기에 최소한 한번은 수험생과 학부모가 직접 작성하여 검토하고, 최종 정시전형 결정에 적극 활용하기 바란다.

〈표 14〉 정시전형 지원계획표

<table>
<tr><th colspan="3">구분</th><th>예시</th><th>가군</th><th>나군</th><th>다군</th></tr>
<tr><td colspan="3">지원대학</td><td>간호대</td><td></td><td></td><td></td></tr>
<tr><td colspan="3">지원학과(전공)</td><td>간호학과</td><td></td><td></td><td></td></tr>
<tr><td colspan="3">전형유형</td><td>수능100%</td><td></td><td></td><td></td></tr>
<tr><td colspan="3">정원(입학/모집)</td><td>50/10</td><td></td><td></td><td></td></tr>
<tr><td colspan="3">원서접수일</td><td>18.12.29-19.1.3</td><td></td><td></td><td></td></tr>
<tr><td colspan="3">전형기간</td><td>19.1.4~1.7</td><td>19.1.4~1.11</td><td>19.1.12~1.19</td><td>19.1.20~1.27</td></tr>
<tr><td colspan="3">합격자발표일</td><td>19.1,29</td><td></td><td></td><td></td></tr>
<tr><td colspan="3">전형요소별 반영 비율(%)</td><td>국어30/수학40/영어30</td><td></td><td></td><td></td></tr>
<tr><td rowspan="2">학생부</td><td colspan="2">실질 반영 비율(%)</td><td>없음</td><td></td><td></td><td></td></tr>
<tr><td colspan="2">교과성적 반영 비율(%)</td><td>없음</td><td></td><td></td><td></td></tr>
<tr><td rowspan="2">학생부 성적</td><td colspan="2">교과별 성적</td><td>없음</td><td></td><td></td><td></td></tr>
<tr><td colspan="2">대학별 반영점 수(만점)</td><td>없음</td><td></td><td></td><td></td></tr>
<tr><td rowspan="3">수능 성적</td><td colspan="2">등급</td><td>2.15</td><td></td><td></td><td></td></tr>
<tr><td colspan="2">과목별 백분위</td><td>95 96 97</td><td></td><td></td><td></td></tr>
<tr><td colspan="2">과목별 등급</td><td>2. 1. 1</td><td></td><td></td><td></td></tr>
<tr><td colspan="2">지원대학 · 학과</td><td>백분위</td><td>92</td><td></td><td></td><td></td></tr>
<tr><td rowspan="4">지원 대학 전년도 성적</td><td rowspan="2">2018 학년도</td><td>등급</td><td>2.16</td><td></td><td></td><td></td></tr>
<tr><td>백분위</td><td>92</td><td></td><td></td><td></td></tr>
<tr><td rowspan="2">2017 학년도</td><td>등급</td><td>2.18</td><td></td><td></td><td></td></tr>
<tr><td>백분위</td><td>92</td><td></td><td></td><td></td></tr>
</table>

최종적으로 추가모집이 있다. 추가모집은 수시, 정시모집 전형 이후 충원하지 못한 인원이 있을 경우 대학교육협의회 대입상담센터와 해당 대학 홈페이지 입학안내를 통해 공고한다. 2019학년도 추가모집 접수, 전형기간은 2019. 02. 17(일요일) ~ 02. 24(일요일) 21:00까지 8일간이고, 2019. 2. 25(월) 등록까지 진행한다.

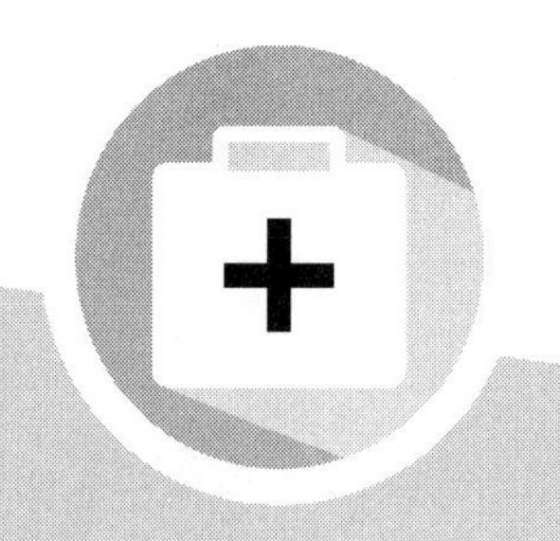

PART 2

간호사

내가 계속할 수 있었던 유일한 이유는
내가 하는 일을 사랑했기 때문이라 확신합니다.
여러분도 사랑하는 일을 찾으셔야 합니다.
당신이 사랑하는 사람을 찾아야 하듯
일 또한 마찬가지입니다.
_ 애플 창업자 스티브 잡스

간호사가 되려면 간호학을 전공하는 대학이나 전문대학에서 간호교육을 이수하고 한국보건의료인국가시험원(약칭 국시원)에서 실시하는 국가시험에 합격한 후 국가가 부여한 간호사 면허를 취득해야 한다. 간호사는 건강요구가 있는 개인 가족, 지역사회를 대상으로 과학적이고 예술적인 간호를 통하여 건강을 회복, 유지 및 증진하도록 돕는 전문 의료인이다. 따라서 미래 직업으로 간호사를 희망한다면 심사숙고(深思熟考)해야 한다. 일반적으로 간호사를 백의의 천사라고 하지만 이는 외형만 보는 단편적인 표현일 뿐이다.

교육부와 한국직업능력개발원이 2017년 12월 25일 발표한 '2017년 초·중등 진로교육 현황조사' 결과(2017년 6월 28일~7월 21일/ 전국 1,200개 초중고교 학생 27,678명 중학교 3학년 고등학교 2학년을 대상으로 조사) 희망직업으로 간호사는 중학교에서 2.3%, 고등학교에서 4.4%의 비율로 각각 9위, 2위로 희망직업 10위 안에 이름을 올렸다.

미국에서 가장 존경 받는 16대 대통령 아브라함 링컨은 직업에 관하여 "세상에 비천한 직업은 없다. 다만 비천한 인간만 있을 뿐이다"라고 하였으며, 미합중국 연방대법원에서 30년간이나 대법관으로 근무하면서 위대한 반대자로 명성을 남긴 올리버 웬델 홈즈 2세는 "모든 직업은 위대한 것이다"라고 역설하였으며 애플의 창업자 스티브 잡스는 "내가 계속할 수 있었던 유일한 이유는 내가 하는 일을 사랑했기 때문이라 확신합니다. 여러분도 사랑하는 일을 찾으셔야 합니다. 당신이 사랑하는 사람을 찾아야 하듯 일 또한 마찬가지입니다."라고 하여 사랑할 수 있는 일을 찾을 것을 강조하였다.

2016년 미국에서 가장 신망이 있는 직업 10위까지 발표하였는데 간호사는 76%로 6위에 랭크되었다.(forbes statista)

"직업에 귀천은 없다"는 말이 있다. 천한 직업은 없을지 몰라도 귀한 직업은 있다. 간호사는 귀한 직업의 하나라고 확신한다. 직업을 선택하는 여러 가지 요인이 있겠지만 보람을 찾을 수 있고 다른 사람을 위해서 봉사할 수 있는 직업이 최선의 선택이다. 간호사는 보람과 봉사의 양면성을 갖는 직업이다.

I. 간호사는 누구인가?

간호사는 누구인가? 대한간호협회의 간호사(Registered Nurse, RN)에 관한 정의, 서울대학교 간호대학 간호학박물관 홈페이지「간호사는 누구인가요?」한국 간호학의 어머니라고 칭송 받는 메풀 전산초 평전 그리고 별을 던지는 세브란스 이서현 간호사의 백의의 천사 편에서 살펴본다.

대한간호협회는 "간호사(Registered Nurse, RN)는 대학의 간호(학)과를 졸업하고 전문적 간호에 관한 지식과 간호실무 능력을 인정받아 정부로부터 면허를 취득한 자이다(A Registered Nurse (RN) is a person who has completed the formal course of nursing education and is licensed by the government to practice nursing in recognition of his/her professional nursing knowledge and clinical competency)"라고 정의하고 있다.

서울대학교 간호대학 간호학박물관 홈페이지「간호사는 누구인가요?」에서 "간호사는 전문적으로 간호를 수행하는 전문직업인입니다. 간호사가 되기 위해서는 필요한 교육과 훈련을 받은 후 국가에서 시행하는 자격시험을 보아야 합니다. 간호학을 전공하는 대학(4년제 또는 3년제)을 졸업한 후 보건복지부장관이 시행하는 국가고시에 응시하여 합격하여야 간호사 면허증을 취득하고 정식 면허 간호사(RN)가 될 수 있습니다. 이런 자격을 갖춘 간호사는 건강을 개선하고 증진시키기 위하여 과학적·체계적·전문적인 간호과정을 수행하게 됩니다. 바로 환자의 건강문제를 해결하기 위한 사정, 진단 및 계획, 중재, 평가의 과정입니다. 간호사는 이러한 과정을 통해 인간의 생명을 보전하고 고통을 덜어주며 건강을 유지하고 증진하도록 도와주는 일을 합니다. 질병예방, 건강증진, 질병치료 및 회복을 돕는 활동이 바로 간호사의 활동입니다"라고 적고 있다.

한국 간호학의 어머니라고 칭송 받는 메풀 전산초 평전에 보면 '남을 위해 언제라도 도울 수 있는 자리에 있는 간호사란 참으로 좋은 천직이다"라고 하여 간호사 직업에 대한 소명의식을 강조하고 있으며 "진정으로 인간의 존엄성을 인식하고 무한대의 봉사를 할 수 있는 간호사가 되어야한다"라고 후학들에게 당부하고 있다.

간호계의 노벨상이라 불리는 '국제간호대상'과 간호사 최고의 영예인 '플로렌스 나이팅게일기장'을 수상한 김수지 박사는 "간호사는 환자의 심리적, 영적, 사회적인 면까지 모두 관찰해서 전인적인 간호를 해야 한다. 어떤 음악도 하루아침에 작곡된 것은 없다. 수없이 생각하고 구상하고 연구하고 연습한 후에 탄생한다. 환자를 보살피는 돌봄 역시 환자를 연구하고 깊이 생각해서 그 사람에게 꼭 맞는 간호를 디자인하는 과학이자 예술이다."(사랑의 돌봄은 기적을 만든다/ 김수지/ 비전과 리더십) 라고 강조 한다.

"지금도 간호사가 되고 싶어 하는 사람들이 많이 있을 것이고 간호사가 되고 싶어 하는 이유 또한 매우 다양할 것이다. 전문직이라 취업이 쉬워서일 수도 있겠고, 월급이 많아서일 수도 있겠지만, 무엇보다도 중요한 것은 환자에게 어떤 도움을 줄 수 있는가, 라는 기본적인 마음가짐이라고 생각한다. 그러한 마음가짐 없이 간호사 생활을 한다면 어려움이 있을 수 있다. 3교대 근무도 쉽지 않지만 매 순간 긴장의 끈을 놓을 수 없기에 정신적, 육체적 스트레스가 심하다. 하지만 '환자에게 도움을 주겠다'라는 가장 기본적인 초심을 잃지 않는다면 비록 정신적, 육체적인 어려움이 있다 하더라도 그것을 보상 받을 수 있는 더 큰 무엇이 있다고 확신한다. 아직도 나는 나의 초심을 잃지 않고 근무하고 있다고 자부한다."

"나의 후배들도 최소한 '나는 환자에게 어떤 간호사가 될 것인가?'에 대한 깊은 성찰과 함께 환자나 보호자에게 진심으로 다양한 돌봄을 제공할 수 있는 간호사로서의 역할을 다하였으면 하는 바람이다"(연세대학교 의료원 원목실 엮음· 정현철 외 29인 함께 씀, 『별을 던지는 세브란스』, 도서출판 동연, 228-230면).

II. 간호사가 하는 일

간호사는 의사의 진료를 돕고 의사의 처방이나 규정된 절차에 따라 환자의 치료와 처치를 한다. 간호사의 주요 업무는 다음과 같다.

○ 진료 전

진료신청서와 문진표 작성을 안내하고 진료내용과 순서를 알려주며, 환자의 건강상태를 점검하기 위해 체온, 맥박, 협압 등 기본적인 바이탈 사인(활력 징후)을 점검하고 간호진단을 내린다.

○ 진료 후

처방전과 검사할 내용을 설명하여 주고, 환자의 상태와 간호활동에 대한 기록을 수집한다.

○ 치료

의사의 치료를 도와 줄 뿐만 아니라 의사의 처방에 따라 환자를 치료와 처치를 한다.

○ 근무

의사가 없을 때 24시간 3교대 근무하면서 환자의 상태를 체크한다.

응급상황이 발생하면 비상조치를 취한다.

상처부위를 씻거나 복약 지도를 한다.

병실관리와 베드를 준비하고 장비를 소독하는 일을 한다.

사전적인 의미로 "여럿 앞에서 굳게 약속하거나 다짐하여 말함" 또는 "공무원이 어떤 직위에 취임할 때, 법령을 성실하게 준수하고 공무를 공정하게 집행할 것을 맹세하는 일"을 선서(宣誓)라 한다. 선서는 어떤 직위나 직무에 관하여 가장 핵심적인 내용을 축약하여 나타낸다.

우리나라의 대통령도 취임에 즈음하여 선서를 한다(헌법 69조). 대통령 취임선서문 "나는 헌법을 준수하고 국가를 보위하며 조국의 평화적 통일과 국민의 자유와 복리의 증진 및 민족문화의 창달에 노력하여 대통령으로서의 직책을 성실히 수행할 것을 국민 앞에 엄숙히 선서합니다."

간호학과 학생들이 2년간의 기초간호학 수업을 마치고 임상실습을 나가기 전, 손에 촛불을 든 채 가운을 착용하고 선서식을 거행한다. 나이팅게일 선서문은 간호사의 정체성(正體性 identity)을 간결하고 함축적으로 나타낸다.

또한 한국간호사 윤리선언과 한국간호사 윤리강령에서 간호사의 사명과 사회적 역할을 규정하고 있다. 간호학과에 진학하고 미래 직업으로 간호사를 선택하고자 한다면 정독(精讀)하기를 바란다.

□ 나이팅게일 선서문

○ 나는 일생을 의롭게 살며 전문 간호직에 최선을 다할 것을 하느님과 여러분 앞에 선서합니다.

○ 나는 인간의 생명에 해로운 일은 어떤 상황에서도 하지 않겠습니다.

○ 나는 간호의 수준을 높이기 위하여 전력을 다하겠으며, 간호하면서 알게 된 개인이나 가족의 사정은 비밀로 하겠습니다.

○ 나는 성심으로 보건의료인과 협조하겠으며 나의 간호를 받는 사람들의 안녕을 위하여 헌신하겠습니다.

□ 한국간호사 윤리선언

○ 우리 간호사는 인간의 존엄성과 인권을 옹호함으로써 국가와 인류사회에 공헌하는 숭고한 사명을 부여받았다.

○ 이에 우리는 간호를 통한 국민의 건강 증진 및 안녕 추구를 삶의 본분으로 삼고 이를 실천할 것을 다음과 같이 다짐한다.

○ 우리는 어떤 상황에서도 간호전문직으로서의 명예와 품위를 유지하며, 최선의 간호로 국민건강 옹호자의 역할을 성실히 수행한다.

○ 우리는 인간 존엄성에 영향을 줄 수 있는 생명과학기술을 포함한 첨단 과학시

술의 적용에 대해 윤리적 판단을 견지하며, 부당하고 비윤리적인 의료행위에 참여하지 않는다.

○ 우리는 간호의 질 향상을 위해 노력하고, 모든 보건의료종사자의 고유한 역할을 존중하며 국민 건강을 위해 상호 협력한다.

○ 우리는 이 다짐을 성심으로 지켜 간호전문직으로서의 사회적 소명을 완수하기 위해 최선을 다할 것을 엄숙히 선언한다.

□ **한국간호사 윤리강령**

○ 간호의 근본이념은 인간 생명의 존엄성과 기본권을 존중하고 옹호하는 것이다.

○ 간호사의 책무는 인간 생명의 시작으로부터 끝에 이르기까지 건강을 증진하고, 질병을 예방하며, 건강을 회복하고, 고통을 경감하도록 돕는 것이다.

○ 간호사는 간호대상자의 자기결정권을 존중하고, 간호대상자 스스로 건강을 증진하는 데 필요한 지식과 정보를 획득하여 최선의 선택을 할 수 있도록 돕는다.

이에 대한간호협회는 국민의 건강과 안녕에 이바지하는 전문인으로서 간호사의 위상과 긍지를 높이고, 윤리의식의 제고와 사회적 책무를 다하기 위하여 이 윤리강령을 제정한다.

1. 간호사와 대상자

① 평등한 간호 제공

간호사는 간호대상자의 국적, 인종, 종교, 사상, 연령, 성별, 정치적·사회적·경제적 지위, 성적 지향, 질병과 장애의 종류와 정도, 문화적 차이를 불문하고 차별 없는 간호를 제공한다.

② 개별적 요구 존중

간호사는 간호대상자의 관습, 신념 및 가치관에 근거한 개인적 요구를 존중하여 간호를 제공한다.

③ 사생활 보호 및 비밀유지

간호사는 간호대상자의 사생활을 보호하고, 비밀을 유지하며 간호에 필요한 정보 공유만을 원칙으로 한다.

④ 알 권리 및 자기결정권 존중

간호사는 간호대상자를 간호의 전 과정에 참여시키며, 충분한 정보 제공과 설명으로 간호대상자가 스스로 의사결정을 하도록 돕는다.

⑤ 취약한 대상자 보호

간호사는 취약한 환경에 처해 있는 간호대상자를 보호하고 돌본다.

⑥ 건강 환경 구현

간호사는 건강을 위협하는 사회적 유해환경, 재해, 생태계의 오염으로부터 간호대상자를 보호하고, 건강한 환경을 보전 · 유지하는 데에 참여한다.

2. 전문가로서의 간호사 의무

① 간호표준 준수

간호사는 모든 업무를 대한간호협회 업무 표준에 따라 수행하고 간호에 대한 판단과 행위에 책임을 진다.

② 교육과 연구

간호사는 간호 수준의 향상과 근거기반 실무를 위한 교육과 훈련에 참여하고, 간호표준 개발 및 연구에 기여한다.

③ 전문적 활동

간호사는 전문가로서의 활동을 통해 간호정책 및 관련제도의 개선과 발전에 참여한다.

④ 정의와 신뢰의 증진

간호사는 의료자원의 분배와 간호활동에 형평성과 공정성을 유지하여 사회의 공동선과 신뢰를 증진하는 데에 참여한다.

⑤ 안전한 간호 제공

간호사는 간호의 전 과정에서 인간의 존엄과 가치, 개인의 안전을 우선하여야 하며, 위험을 최소화하기 위한 조치를 취한다.

⑥ 건강 및 품위 유지

간호사는 자신의 건강을 보호하고 전문가로서의 긍지와 품위를 유지한다.

3. 간호사와 협력자

① 관계윤리 준수

간호사는 의료와 관련된 전문직·산업체 종사자와 협력할 때, 간호대상자 및 사회에 대한 윤리적 의무를 준수한다.

② 대상자 보호

간호사는 간호대상자의 건강과 안전이 위협받는 상황에서 적절한 조치를 취한다.

③ 생명과학기술과 존엄성 보호

간호사는 인간생명의 존엄성과 안전에 위배되는 생명과학기술을 이용한 시술로부터 간호대상자를 보호한다.

III. 간호사 되는 방법

1. 간호사의 정의

간호학을 전공하는 대학이나 전문대학에서 간호교육을 이수하고 국가시험에 합격한 후 국가가 부여한 간호사 면허를 취득한 자로서 건강요구가 있는 개인 가족, 지역사회를 대상으로 과학적이고 예술적인 간호를 통하여 건강을 회복, 유지 및 증진하도록 돕는 전문 의료인이다.

2. 간호사의 수행 직무

간호사는 상병자(傷病者)나 해산부의 요양을 위한 간호 또는 진료보조 및 대통령령으로 정하는 보건활동을 임무로 한다(의료법 제2조).

"대통령령으로 정하는 보건활동"이란 다음의 보건활동을 말한다(의료법시행령 제2조).

1. 「농어촌 등 보건의료를 위한 특별조치법」 제19조에 따라 보건진료원으로서 하는 보건활동
2. 「모자보건법」 제2조제10호에 따른 모자보건요원으로서 행하는 모자보건 및 가족계획 활동
3. 「결핵예방법」 제18조에 따른 보건활동
4. 그 밖의 법령에 따라 간호사의 보건활동으로 정한 업무
   모든 개인, 가정, 지역사회를 대상으로 건강의 회복, 질병의 예방, 건강의 유지와 그 증진에 필요한 지식, 기력, 의지와 자원을 갖추도록 직접 도와주고 간호대상자에게 직접 간호뿐만 아니라 교육, 설명, 지시, 조언. 감독, 지도 등의 중재적 활동을 수행한다(대한간호협회 간호표준).

3. 교육과정

간호사가 되려면 대학이나 전문대학(4년제, 전문대학에 개설되어 있는 간호(학)과 중 10개교는 현재 3년제) 간호대학, 간호학부, 간호학과, 간호과를 졸업하고 한국보건의료인국가시험원(약칭 국시원)에서 시행하는 간호사 국가고시에 합격한 후 국가가 부여한 간호사 면허증을 취득해야 한다.

또한 외국대학 졸업자의 경우 보건복지부장관이 인정하는 외국의 간호학을 전공하는 대학을 졸업하고 졸업한 국가의 간호사 면허를 받은 자와 1994. 7. 8 당시 보건복지부장관이 인정하는 외국의 간호학을 전공하는 대학에 재학 중인 자로서 그 해당학교를 졸업한 자는 외국대학 인정심사 통과 후 간호사 시험에 합격 면허증을 취득할 수 있다.

※ 4년제 간호학과를 운영하는 전문대학으로 지정받은 곳은 모두 75곳이다. 이중 이미 4년제를 운영하고 있는 대학은 57곳이고, 2016년부터 13곳과 2017년부터 5곳이 운영에 들어간다.

※ 2017년 입학생부터는 인증 받은 프로그램을 이수해야 간호사 국가시험을 볼 수 있다. 자세한 사항은 한국간호교육평가원에서 확인하여 보시기 바랍니다.

4. 남자간호사

한국보건의료인국가시험원에서 시행하는 간호사 국가고시에 응시하여 면허를 취득해야 한다. 2016년 간호사국가시험에서는 17,505명이 합격하여 93.8%의 합격률을 기록했다. 주목할 점은 우리나라에서 남자간호사가 배출된 지 55년 만에 간호사 국가시험 합격자 가운데 남자가 차지하는 비중이 10%를 넘어서며 2,000명 시대에 진입했다.

2017. 2. 10일 대한간호협회 보도자료에 따르면 2017년도 제57회 간호사 국가시험 시행결과 1만 9473명이 합격해 96.6%의 합격률을 나타냈다. 이 가운데 남자 합격생은 2134명으로 전체 합격자의 10.96%를 차지했다. 이는 2004년 처음으로 남자 합격자 비율이 1%를 넘어선 이후 13년 만에 처음으로 두 자리 합격률을 기록한 것이다.

우리나라에서 남자간호사는 1962년 첫 남자간호사가 탄생한 이후 지난해까지 모두 1만 542명이 배출됐다. 또 이번 국시에서 2,134명의 남자합격생이 새로 배출됨에 따라 전체 간호사 37만 5245명 가운데 차지하는 남자간호사 비중도 3.37%(1만 2676명)로 늘어나게 됐다.

2004년부터 남자간호사 배출이 크게 늘어나면서 최근 5년간 배출된 사람만 7493명(59.1%)에 이른다(대한간호협회).

IV. 간호사의 진출 분야와 직업 전망

1. 간호사의 진출 분야

간호사의 진출분야는 편의상 의료법에서 제시하는 의료기관과 의료기관 이외의 분야로 구분하기로 한다. 의료법에 의하면 의료기관은 의원급 의료기관인 의원, 치과의원, 한의원과 조산원이 있으며, 병원급 의료기관에는 병원, 치과병원, 한방병원, 요양병원, 종합병원이 있다. 보건복지부장관은 요건을 갖춘 종합병원 중에서 중증질환에 대하여 난이도가 높은 의료행위를 전문적으로 하는 종합병원을 상급종합병원으로 지정할 수 있으며, 병원급 의료기관 중에서 특정 진료과목이나 특정 질환 등에 대하여 난이도가 높은 의료행위를 하는 병원을 전문병원을 지정할 수 있다.

의료기관 이외의 진출분야로는 간호장교, 간호직, 교정직, 법의간호사, 보건진료직, 소방직 등의 공무원분야, 간호학 교수, 보건교사, 특성화고 교사, 어린이집 등의 교육분야, 건강보험심사평가원, 보험회사 언더라이터(Underwriter), 산후조리원, 의료관광 코디네이터, 의료소송매니저, 항공분야간호사, CRA(Climical Reserch Associate) 등의 공사기업분야, 노인의료복지시설, 장기요양기관의 간호요원 등의 의료복지 요양기관분야의 진출로 나누어 살펴본다.

1) 의료기관 분야

(1) 병 · 의원 간호사

간호학을 전공하는 대학이나 전문대학에서 간호교육을 이수하고 한국보건의료인 국가시험원(국시원)에서 시행하는 국가시험에 합격한 후 국가가 부여한 간호사 면허를 취득하게 된다. 간호사 면허를 취득한 후 대부분의 간호사는 병 · 의원에 근무하고 있다. 일반인들이 떠올리는 간호사는 병 · 의원간호사의 이미지에서 비롯된 것들이다.

국내 활동 간호사의 80% 이상이 의료기관인 상급종합병원, 종합병원, 요양병원,

한방병원, 전문병원, 의원, 건강검진센터, 장기이식센터, 가정간호사업소 등에서 근무한다. 일반간호사는 병원급 의료기관과 의원급 의료기관에 따라 근무 형태와 업무환경 그리고 급여가 다르게 나타난다. 병원 간호사는 전문분야가 없으며 채용되는 병원과 발령되는 부서에 따라 근무형태가 다르게 나타난다. 병원 내 활동분야로는 일반병동, 외래, 수술실, 중환자실, 응급실, 중앙공급실, 특수검사실, 감염관리실, 인공신장실, 장기이식센터, 보험심사실, 행정실 등이 있으며 환자 간호, 환자 교육 및 상담, 감염관리, 보험심사, 서비스 질 관리, 코디네이터, 간호학생 실습지도, 조사 연구 등의 업무를 수행한다. 따라서 여러 분야의 간호 경험을 쌓을 수 있고 자신의 적성에 맞는 전문 간호 분야를 모색 할 수 있는 기회를 찾을 수 있다.

의원급 의료기관은 의원 내에서 이루어지는 여러 업무를 두루 경험해 볼 수 있는 장점과 대부분 주간 근무로 안정적인 생활패턴을 유지할 수 있으나 전문성을 찾을 수 있는 기회와 인적 네트워크를 쌓을 가능성이 적고 급여도 병원급 의료기관에 비해 상대적으로 낮은 경향이 있다.

(2) 전문간호사

한국고용정보원은 2016년 6~10월 우리나라 621개 직업종사자 1만 9127명을 대상으로 실시한 재직자 조사를 분석한 '직업만족도' 조사 결과를 발표했다. 그 중에서 보건의료관련관리자는 35위, 호스피스 전문 간호사는 47위, 가정전문간호사는 93위로 전문 간호사는 높은 직업만족도를 나타내고 있다.

전문 간호사는 간호의 여러 분야 중에서 한 분야의 전문 지식과 기술이 뛰어난 간호사이다. 우리나라는 가정전문 감염관리 노인 마취 보건 산업 아동 응급 임상 정신 종양 중환자 호스피스 전문 간호사 등 13개 분야의 전문 간호사 제도를 운영하고 있으며 전문 간호사가 되기 위해서는 대학 간호학과를 졸업한 후 일정기간 이상 간호사로서 경력을 쌓은 뒤, 특정 교육기관에서 해당 전문분야의 전문 간호교육을 받고 전문 간호사 자격시험에 합격하여야 한다.

– 전문 간호사의 정의와 역할

㉠ 전문 간호사의 정의

2000년부터 시행된 전문 간호사(Advanced Practice Nurse, APN)는 보건복지부 장관이 인증하는 전문 간호사 자격을 갖고 해당 분야에 대한 높은 수준의 지식과 기술을 가지고 의료기관이나 지역사회 내에서 간호대상자(개인, 가족, 지역사회)에게 상급 수준의 전문가적 간호를 자율적으로 제공하는 자를 말한다.

또한 환자, 가족, 일반간호사, 간호학생, 타 보건의료 인력 등을 교육하고 보수교육이나 실무교육프로그램 개발 등에 참여한다. 현재 의료법에서 인정하고 있는 전문 간호사 분야는 가정, 감염관리, 노인, 마취, 보건, 정신, 산업, 아동, 응급, 임상, 중환자, 호스피스로 총 13개 분야이다.

㉡ 전문 간호사의 역할

○ 전문가적 간호실무 제공자

자신의 전문분야에서 간호와 간호 관련 학문에 대한 폭넓은 지식과 기술을 기초로 대상자에게 상급 간호 실무를 제공

○ 교육자

환자, 가족, 일반간호사, 간호학생, 타 보건의료 인력을 대상으로 교육을 실시하고 보수교육 또는 실무교육프로그램 개발에 참여

○ 연구자

기존의 연구결과를 현장에 적용하고 실무 중에서 간호문제를 발견하여 연구 문제로 제시하며, 연구를 시행하거나 참여

○ 지도자

대상자에게 제공하는 간호의 질 및 상급간호실무의 수준을 향상시키기 위해 변화

촉진자, 역할모델 및 옹호자로서 활동하는 임상적 지도력 발휘

○ 자문가

대상자 간호의 질을 향상하기 위해 환자, 가족, 일반간호사, 타 보건의료 인력을 대상으로 상급지식과 기술, 판단력을 사용하여 자문

○ 협동자

대상자를 위해 간호의 효과를 최대화하기 위해 일반 간호사 및 관련 보건의료 인력과 협동적 관계 형성 및 조정 활동(출처 한국간호교육평가원)

ⓒ 전문 간호사 교육과정과 자격시험

전문 간호사 교육과정은 보건복지부장관이 지정하는 전문 간호사 교육기관(대학원 수준)에서 2년 이상 실시하며, 10년 이내에 해당 분야에서 3년 이상 간호사로 근무한 경험이 있어야 교육과정을 신청할 수 있다.

보건복지부장관이 지정하는 교육기관에서 해당 전문 간호사 교육과정을 이수하거나 외국전문 간호사의 경우 심사를 통과하면 자격시험에 응시할 수 있다. 1차 시험(필기)과 2차 시험(실기)에서 각각 총점의 60퍼센트 이상을 득점해야 한다.

ⓔ 전문 간호사 교육기관

○ 가천대 간호대학원 노인/마취/응급/종양

○ 가톨릭대 임상대학원 가정/감염관리/산업/종양/호스피스

○ 건양대 일반대학원 감염관리/노인

○ 경북대 일반대학원 노인/정신/중환자/호스피스

○ 경상대 일반대학원 노인

○ 경희대 일반대학원 노인/임상

○ 계명대 일반대학원 노인/정신/종양/호스피스

○ 고려대 일반대학원 노인/임상

○ 고신대 일반대학원 노인/종양/호스피스

○ 남서울대 일반대학원 가정

○ 단국대 보건복지대학원 노인

○ 대구가톨릭대학교 보건의료과학대학원 노인/정신/호스피스

○ 대전대학교 일반대학원 가정/노인

○ 동아대학교 일반대학원 중환자

○ 동의대학교 일반대학원 노인

○ 부산가톨릭대학교 일반대학원 노인/호스피스

○ 부산대학교 일반대학원 노인/정신/중환자

○ 삼육대학교 보건복지대학원 노인/종양

○ 서울대학교 간호대학원 노인/종양/중환자

○ 성균관대학교 임상간호대학원 가정/종양/중환자

○ 성신여자대학교 일반대학원 노인

○ 아주대학교 일반대학원 노인/응급/임상

○ 연세대학교 간호대학원 노인/아동/임상/종양

○ 연세대학교 원주의과대학 일반대학원 중환자

○ 우석대학교 일반대학원 가정

○ 울산대학교 산업대학원 감염관리/응급/종양/중환자

○ 을지대학교 임상간호대학원 노인/정신

○ 이화여자대학교 일반대학원 노인/임상/정신/호스피스

○ 인제대학교 일반대학원 노인/응급/정신/중환자

○ 인하대학교 일반대학원 노인

○ 전남대학교 일반대학원 노인/종양/호스피스

○ 전북대학교 일반대학원 노인

○ 조선대학교 일반대학원 노인

○ 중앙대학교 건강간호대학원 노인/종양

○ 충남대학교 일반대학원 노인/정신/중환자/호스피스

○ 한림대학교 간호대학원 노인/임상

○ 한양대학교 일반대학원 가정/노인

○ 한양대학교 임상간호정보대학원 정신/호스피스

㉤ 전문 간호사 분야

○ 가정전문 간호사

가정간호사는 1990년 의료법 시행규칙에 의해 만들어졌으며 환자가 있는 가정에 방문하여 조사 및 심사를 통해 가정간호 계획을 수립하고 간호서비스를 제공한다. 병원, 보건소, 장기요양기관, 건강보험공단 등 지역사회와 재가서비스 분야에서 중추적인 역할을 하고 있다. 특히, 의료기관 가정간호사업은 병원 퇴원환자를 포함해 거동이 불편한 만성질환자 및 노인, 장애인의 가정을 방문하여 전문적인 의료서비스를 제공한다.

○ 감염관리전문 간호사

병원 내 감염을 예방하고 관리하기 위해 감염 여부를 조사하고 예방계획을 수립·실시하며 감염관리 규정, 지침, 정책 등을 마련한다. 감염 유행 시, 직원의 감염원 노출 시, 병원 환경관리 시 역학조사를 실시한다. 감염유행의 원인을 파악하고 감염 예방조치를 실시, 관리대책, 감염관리 규정·지침·정책 등을 마련한다.

○ 노인전문 간호사

노인전문병원, 의료복지기관, 요양원 등에서 노인의 건강관리와 병세호전을 위해 간호계획을 수립하고 각종 프로그램을 진행하며 노인을 간호한다. 노인의 건강관리 및 병세호전을 위한 각종 재활치료 및 치료프로그램을 진행하거나 노인들의 유연한 진행을 돕는다. 노인의 응급처치 및 건강관리, 질병예방 등을 담당한다.

○ 마취전문 간호사

마취시행에 필요한 장비와 물품을 준비해 환자에게 마취를 시행, 비정상적인 환자의 반응에 대처하고 마취 회복 시 위험 증상을 관찰하고 예방한다. 환자의 상태를 분석하여 간호진단을 내린다. 마취 간호 진단에 근거하여 응급 상황을 고려한 마취계획을 수립하고 마취를 준비한다. 환자의 반응에 대처하며 적절한 마취간호를 제공한다.

○ 보건전문 간호사

보건전문 간호사는 지역사회 주민과 기관을 대상으로 질병예방, 보건교육, 건강증진을 위한 사업을 계획하고 실시하며 평가한다. 안전관리, 사고관리, 감염관리, 환경관리 등 보건 대상자에게 영향을 미치는 환경적 건강 문제를 확인하고 해결 방안을 모색한다. 개인, 가족, 지역사회 대상자의 질병예방, 보건교육 사업 및 증진 사업 계획 등을 수립한다.

○ 산업전문 간호사

산업전문 간호사는 사업장 건강관리실에서 근무하며, 근로자의 건강관리와 보건교육, 작업환경 및 위생 관리, 사업장 안전보건체계 수립 등을 담당한다. 근로자와 가장 가까운 곳에서 근로자의 건강을 돌보며 근로자 건강증진에 핵심적인 역할을 수행한다. 산업전문 간호사 교육기관으로 가톨릭대 임상대학원에 개설되어 있다.

○ 아동전문 간호사

유아, 아동, 청소년에 이르기까지 의료서비스에 대한 거부감을 없애고 최상의 진료를 받을 수 있도록 한다. 아동전문 간호사의 교육기관으로 연세대 간호대학원에 개설되어 있다.

○ 응급전문 간호사

응급환자를 대상으로 환자의 상태에 따라 응급시술 및 처치를 시행한다. 응급전문 간호사의 교육기관으로 가천대 간호대학원, 아주대학교 일반대학원, 울산대학교 산업대학원, 인제대학교 일반대학원에 개설되어 있다.

○ 임상전문 간호사

환자에게서 나타나는 신체 및 정신적인 증상과 환자가 경험하고 있는 질환에 대한 과거 및 현재 관리와 질병 과정 및 합병증과 관련된 임상증상을 수집한다. 임상 문제와 관련하여 신체검진을 진행하며 검사결과를 해석하고 지속적으로 주시하며 임상적 문제를 판단한다. 임상 증상을 관리하고 치료에 참여하며 약물요법을 적용시킨다.

○ 정신전문 간호사

여러 가지 방법을 활용하여 정신 간호 대상자의 스트레스를 완화시키고 관리하며 약물 및 심리치료법을 이용하여 환자를 간호한다.

○ 종양전문 간호사

암 예방 및 관리 정책 관련 교육을 진행한다. 암환자에게 필요한 상담과 교육을 담당하며 간호가 필요한 환자에게 간호서비스를 제공한다.

○ 중환자전문 간호사

중환자를 대상으로 간호를 제공하고 신체검진 및 진단 결과를 해석하여 적정한 간호계획을 수립하고 간호를 수행한다.

○ 호스피스전문 간호사

임종을 앞둔 말기 환자의 삶의 질을 향상시키기 위해 신체적, 정서적 안정을 도모하고 통증조절 및 증상완화를 위한 간호

(3) 조산사

조산사가 되려는 자는 간호사 면허를 가지고 보건복지부장관이 인정하는 의료기관에서 1년간 조산 수습과정을 마친 자로서 조산사 국가시험에 합격한 후 보건복지부장관의 면허를 받아야 한다. 조산사의 주요업무는 임신관리, 분만관리, 산후관리, 신생아관리, 기타 조산원 운영 계획 수립과 관리, 출생증명서 발급 등이 있다.

(4) 병원 코디네이터

병원행정 분야에도 간호사의 진출이 유력하다. 병원행정 분야에는 병원 코디네이터, 병원 행정사, 의무 기록사 등이 있으며, 특히 병원관리와 행정지원, 병원마케팅과 홍보, 환자상담과 고객관리, 스텝간의 조정자 역할 및 친절교육을 담당하는 병원 코디네이터는 간호사의 전문지식을 활용하기에 적합한 직종이다.

(5) 해외간호사

1966년부터 시작된 독일 파견 간호사를 출발점으로 우리나라 간호사 해외진출이 점차 확대되고 있다. 진출 가능 국가로는 노르웨이, 뉴질랜드, 미국, 사우디아라비아, 영국, 캐나다, 호주 등이 있으며 해외에서 새로운 기회를 찾고자 한다면 대학에서부터 적극적으로 준비하는 자세가 요구된다. 정부의 의료기관 해외진출 정책에 따라 간호사의 해외진출 기회가 확대되고 있다. 베트남과 같은 개발도상국의 경우 우리나라 의료면허가 별도의 자격시험 없이 해당국 정부의 공증이 있는 서류에 대한 심사를 통해 인정 여부를 평가한다. 전문 의료기관의 신설, 현지 고급간호 수요의 증가, 우리기업의 해외진출, 교민사회의 확대 등으로 새로운 진출국가로 떠오르고 있다.

2) 의료기관 이외의 진출분야

(1) 공무원분야

공무원은 첫째 공개채용의 경우 학력, 연령, 성별 제한 없이 응시 가능한 진입의 공정성. 둘째 기본적인 보수와 퇴직 후 연금 보장 등의 안정된 생활 보장. 셋째 외국어능력 보유 시 유학 기회부여와 대학원진학. 넷째 공평한 승진 기회와 근무 조건 다섯째 창의적 개념의 구체적 실현 가능성 여섯째 주택자금 보조와 각종 복지 혜택 등으로 안정적 직업을 희망하는 구직자들에게 불확실한 시기에 인기를 더해 가고 있다. 다만 간호직 공무원의 경우 간호사 면허와 일정한 임상 경력을 요구하고 있다.

공무원은 국가의 공복이며, 기본역할은 주권을 가진 국민으로부터 권한을 위임 받아 국민을 위해 공익을 추구하는 역할이다. 간호학과 출신의 경우 간호직, 군인공무원, 보건직공무원, 법의간호사 그리고 간호장교로 진출할 수 있는 길이 열려 있다. 공무원 채용 정보는 다음 웹사이트를 확인할 수 있다.

○ 사이버국가고시센터 http://www.gosi.kr/
- 연도별 국가공무원 공개경쟁채용시험 계획 등 공고
- 시험단계별 시험일시 및 장소 공고
- 「시험안내, 원서접수, 시험문제/정답, 면접시험 등록, 채용후보자 등록」 코너 운영
- 채용시험 제도 해설, 타 기관 시험정보 및 각종 공지사항 등

○ 인사혁신처 나라일터 http://www.gojobs.go.kr/

인사혁신처 나라일터 홈페이지(http://gojobs.mospa.go.kr)의 '채용정보' 메뉴에서 국가기관뿐만 아니라 지방자치단체 등에서 실시하는 공개경쟁채용시험 및 경력경쟁채용시험에 대한 정보를 모두 확인하실 수 있다.

○ 지방자치단체 인터넷 원서접수센터 http://www.local.gosi.go.kr/

지방자치단체 시험정보, 원서접수, 접수방법, 시험장소, 공지사항을 제공하는 지방자치단체 시험정보 포털 사이트이다.

① 간호직 공무원

간호직 공무원은 중앙정부(교육부, 법무부, 보건복지부 등)에서 국가공무원 경력경쟁채용시험으로 선발하는 7, 8급 국가직 공무원과 지방자치단체에서 지역별로 선발하는 8급 지방직 공무원이 있다. 지방직 공무원은 지방자치단체별로 선발시기가 다르므로 위의 사이트를 확인하기 바란다.

② 군인공무원

군무원은 군부대에서 군인과 함께 근무하는 공무원으로서 신분은 국가공무원법상 특정직 공무원으로 분류된다. 보건직군이나 일반 계약직 등으로 채용한다. 군인공무원에 관한 자세한 사항은 군인공무원 (김동욱 정대용 지음/ 지식공간 / 2017.12)을 참고하기 바란다.

③ 법의 간호사(Forensic Nurse)

법의 간호사는 주요 업무는 죽은 사람의 검시 · 사인규명 · 신원파악 · 증거수집과 죽은 자의 인권보호, 자살미수자의 보호관리, 사망자 유족의 상담관리를 포함한다. 간호사면허증 소지자로서, 경북대학교 수사과학대학원 법의간호학과를 졸업(석사학위 소유자)하거나 또는 수료한 자로서 법의간호사 시험에 합격한 자이다. 근무지로는 국립과학수사연구소, 해바라기아동센터, 국립법무병원(치료감호소) 등이 있다.

④ 보건 간호사

보건 간호사는 전국 보건소와 보건지소, 지방자치단체 등에 근무하는 간호직 또는 보건직 공무원이다. 지역주민의 질병예방과 건강증진을 위한 사업, 정신보건, 모자보건, 노인보건 등의 업무를 수행한다. 대학원 과정에 개설된 교육과정을 이수한 후 보건복지부가 시행하는 전문 간호사 자격시험에 합격하면 보건전문 간호사가 될 수 있다.

⑤ 보건진료직 공무원

보건진료직 공무원은 농어촌지역에 설치된 보건진료소에서 근무하며 지역주민의 질병예방과 건강증진을 위한 일차 진료서비스(상담, 진찰, 투약, 처치, 환자후송 등) 등을 제공한다. 간호사 또는 조산사 면허를 취득한 후 지방자치단체별로 시행하는 보건진료직렬 공무원 임용시험에 합격해야 한다. 보건복지부 장관이 실시하는 24주 이상의 직무교육을 받은 후 근무지역을 지정 받아 진료 및 보건의료 행위를 실시한다.

⑥ 간호장교

간호장교는 군 장병들을 대상으로 체계적이고 과학적인 간호를 통해 질병으로부터 보호하고, 신체적, 정신사회적, 영적으로 최적의 건강상태를 유지, 증진시키는 책임과 역할을 수행한다. 간호장교가 되는 방법으로 국군간호사관학교를 졸업하고 간호장교로 임관하는 방법과 일반 4년제 간호대학을 졸업하고 간호사 면허증을 취득한 뒤 간호장교로 임관하는 경우가 있으며, 성별에 관계없이 간호장교에 지원이 가능하다.

(2) 교육분야

① 간호학교수

한국고용정보원은 2016년 6~10월 우리나라 621개 직업종사자 1만 9127명을 대상으로 실시한 재직자 조사를 분석한 '직업만족도' 조사 결과를 발표했다. 전체 직업만족도를 살펴보면, 우리나라 주요 직업 621개 가운데 '교수' 직업의 만족도가 8위로 높게 나타났다. 간호학교수는 임상경험과 석 · 박사학위를 취득하고 교수 채용 절차를 거쳐 초빙된다. 주요 전공으로 간호관리학, 간호정보학, 모성간호학, 보건경제학, 성인간호학, 소비자건강정보학, 아동간호학, 정신간호학, 지역사회간호학 등이 있다. 자세한 시항은 간호대학 교수가 되려면(장관이 된 간호사 193면)을 참고 하기 바란다.

② 보건교사

보건교사는 초·중·고등학교 보건실에서 근무하며 보건교육, 학생 및 교직원 건강관리, 학교 보건사업계획 수립 등의 업무를 담당한다. 간호대학에서 소정의 교직학점을 이수한 후 간호사 면허를 취득한 사람에게 보건교사 자격증이 주어진다. 따라서 보건교사가 되길 희망한다면 간호학과에 교직과정이 설치된 대학에 입학하여 교직과정을 이수해야 한다. 국공립학교에 임용되려면 교원 임용고시를 합격해야 한다.

③ 특성화고 교사

특성화고에서 간호에 대한 태도를 올바르게 습득할 수 있도록 기초인력 양성을 담당한다. 교육기관에 따라, 보건교사 자격증 또는 교련교사 자격증을 요구하기도 한다.

④ 유치원, 어린이집

어린이집은 영유아가 100명 이상이 되면 간호사나 간호조무사 한 명을 채용하여야 한다. 간호사면허를 취득한 후 7년 이상 보육 등 아동 복지 업무경력이 있으면 일반어린이집 원장의 자격이 있고, 가정어린이집 원장의 경우 간호사면허 취득 후 5년의 경력만 있으면 된다.(영유아보육법, 시행령, 시행규칙)

(3) 공사기업분야

① 건강보험심사평가원

건강보험심사평가원은 요양기관의 진료비 심사와 요양급여의 적정성 평가, 의약품 치료재료의 관리 및 보험수가 개발 등 건강보험을 포함한 보건의료정책 개발 업무를 수행하고 지원하는 공공기관이다. 간호사는 심사직으로 채용하며 관련 자격증 소지자로서 1년 이상 당해 분야 경력자로 심사직(의사, 약사 제외) 경력은 종합병원급 이상 요양기관 또는 진료비 심사기관의 임상 및 심사경력에 한함을 원칙으로 하되, 인사 관리상 필요한 경우 조정할 수 있다.

② 국민건강보험공단

질병이나 부상으로 인해 발생한 고액의 진료비로 가계에 과도한 부담이 되는 것을 방지하기 위하여, 국민들이 평소에 보험료를 내고 보험자인 국민건강보험공단이 이를 관리 · 운영하다가 필요시 보험급여를 제공함으로써 국민 상호간 위험을 분담하고 필요한 의료서비스를 받을 수 있도록 하는 사회보장제도를 운영하는 공공기관이다. 국민건강보험공단은 간호사 면허증을 소지자를 대상으로 건강직, 요양직 등을 선발한다.

③ 보험심사 간호사 / 보험 언더라이터(Underwriter)

보험회사에서 보험의 전반적인 사항을 심사하는 보험심사도 간호사가 진출하고 있는 유망한 분야이다. 보험회사, 보험관련 공공기관에서 간호사를 모집하고 있다. 보험심사간호사의 업무영역은 확대되고 있으며 의료기관, 공공 보험기관 및 심사기구(국민건강보험공단, 건강보험심사평가원), 민간 보험사, 의약단체(병원협회, 의사협회), 제약 및 의료기업, 시민단체 등에서 보험심사간호사의 수요가 증가하고 있다. 자세한 사항은 보험심사간호사회(www.casemanager.or.kr) 사이트를 참고하기 바랍니다. 주요 보험심사 관련 자격시험은 다음과 같다.

○ 보험심사관리사

의료기관, 보험관련 공공기관 및 일반 보험사 등에서 건강보험, 의료급여, 산재보험(공상포함), 자동차보험 등 각종 보험과 관련하여 발생하는 진료비의 적정성 심사, 보건의료 관계기관의 적정성평가에 대한 요양기관 내 대처, 의료의 질 향상을 위한 임상질지표(Clinical Indicator) 개발 · 분석, 의료법 및 관련 고시와 지침의 관리 및 해당기관 의료인 · 관리자를 대상으로 교육, 정보제공 등의 업무를 수행하고 있다. 재단법인 한국간호교육평가원에서 운영하는 민간자격제도로, 한국직업능력개발원에 등록되어 있다

○ 보험심사역 언더라이터(Underwriter)

보험분야를 개인보험, 기업보험으로 구분하여 2개 분야별 심사역 자격을 부여하는

것을 말한다.

— 개인보험심사역(APIU Associate Personal Insurance Underwriter): 보험분야 중 개인보험에 관한 전문이론 및 실무지식을 갖춘 자

— 기업보험심사역(ACIU Associate Commercial Insurance Underwriter): 보험분야 중 기업보험에 관한 전문이론 및 실무지식을 갖춘 자(보험개발원)

④ 산업간호사

간호사 면허소지자로서 산업장의 근로자를 대상으로 근로자의 신체적, 정신적, 사회적 건강을 고도로 유지, 증진시키기 위하여 근로자의 건강관리, 산업위생 관리, 보건교육 등 일차보건 의료 수준에서 제공하며 적정기능 수준향상을 목표로 하는 업무를 전담하는 전문요원이다. 산업전문간호사 과정은 우리나라에는 유일하게 서울가톨릭대학교 보건대학원(산업 및 지역사회간호학 전공)에서 운영 중이다.(산업간호사회 홈페이지)

⑤ 산후조리원

"산후조리업(産後調理業)"이란 산후조리 및 요양 등에 필요한 인력과 시설을 갖춘 곳(이하 "산후조리원"이라 한다)에서 분만 직후의 임산부나 출생 직후의 영유아에게 급식 · 요양과 그 밖의 일상생활에 필요한 편의를 제공하는 업(業)을 말한다.(모자보건법 제2조 10) 산후조리업을 하려는 자는 산후조리원 운영에 필요한 간호사 또는 간호조무사 등의 인력과 시설을 갖추고 책임보험에 가입하여 특별자치시장 · 특별자치도지사 또는 시장—군수—구청장에게 신고하여야 한다.(모자보건법 제 5조 1)

⑥ 의료관광코디네이터

의료관광을 추진하고자 하는 의료기관 및 외국인 유치업체를 대상으로 전략적 마케팅 방법, 국제보건법, 의료사고관련법 등 법률적 관점사항, 종교 및 인종적 쟁점사항, 의료중개업체 서비스 사업 등을 컨설팅하는 업무를 수행한다.

⑦ 의료분쟁컨설팅 간호사/의료소송 매니저

○ 의료분쟁컨설팅 간호사

2002년 설립된 의료분쟁 전문 컨설팅 회사인 한국의료분석원은 진료기록 및 분석, 의료관련법률 정보제공, 보험의료 연구/분석, 진료비(치료비) 분석, 의료정보제공, 의료관련 판례제공, 전문의 의료자문, 기타서비스 등의 업무를 제공한다. 다년간 병원에서의 임상경험 및 보험사에서의 실무경험을 갖춘 임직원으로 구성되어 모든 업무에서 빠르고 정확한 판단을 모토로 하고 있다.

○ 의료소송 매니저

의료사고에 대한 예방과 상담, 자문 역할을 하고, 변호사를 도와 사건을 처리하는 직업이며 법무법인, 변호사사무실, 법률구조기관 등에 근무한다.

⑧ 항공전문 간호사

항공 수요의 증가, 저가항공사(Low Cost Carrier LCC)의 설립, 항공우주 산업의 발전으로 항공전문간호사의 수요가 증가하고 있다. 항공간호는 항공기로 이송되는 응급환자 간호와 운항승무원(조종사), 객실승무원, 항공사 일반사무직 및 정비사 등 지상근무 직원들을 비롯한 비행기에 탑승한 승객과 공항 이용객의 건강관리와 보건교육 등을 담당하는 전문 간호 분야이다. 항공전문 간호사는 응급실과 중환자실 등 임상경력은 필수이며 예방과 관리의료에 목적이 있다. 민간병원 헬기후송 업무를 담당하는 항공 간호사는 비행에 적응할 수 있는 체력을 갖추고 있어야 한다. 미국의 경우 항공전문 간호사(CFRN) 자격시험제도가 있다.

⑨ 임상시험담당자(CRA Climical Reserch Associate)

임상시험담당자(CRA Clinical Research Associate)는 제약회사의 신약개발 과정에서 임상시험과 신약 시판 후 안전성을 평가하는 PMS(Post-Marketing Surveillance) 등을 담당하는 전문직이다.

(4) 노인의료복지시설 · 장기요양기관분야

① 노인복지의료시설

노인의 복지를 증진할 수 있는 시설로서 노인주거복지시설, 노인의료복지시설, 노인보호전문기관을 말한다.

· 노인주거복지시설 ; 양로시설, 노인공동생활가정, 노인복지주택

· 노인의료복지시설 : 노인요양시설, 노인요양공동생활가정, 노인전문병원

· 노인보호전문기관 : 국가 · 지방자치단체가 노인학대의 예방 및 방지를 위한 홍보, 학대받은 노인의 발견 · 상담 · 보호와 의료기관에의 치료의뢰 및 노인복지시설에의 입소의뢰 등의 업무를 담당하기 위하여 설치하는 시설이다.

간호사 자격이 있으면 노인공동생활가정, 노인요양시설, 노인요양공동생활가정, 양로시설의 장이 되거나 직원이 될 수 있다. 이러한 시설은 규모에 따라 일정 수의 간호사를 고용하도록 노인복지법에 정해 있다.

② 장기요양기관의 간호요원

장기요양기관의 간호요원이란 장기요양기관에 소속되어 나이가 많거나 노인성 질환으로 생활이 불편한 노인들의 가사활동을 도와주거나 기관 안에서 또는 노인의 집을 방문해서 간병활동을 하는 사람을 말한다. 장기요양기관에서는 간호사를 한 명 이상 고용해야 한다.(노인장요양보험법, 시행령, 시행규칙)

2. 간호사의 직업 전망

미래의 직업은 혁신적인 과학기술로 인하여 많은 일자리들이 사라지는 동시에 새로운 일자리가 생겨난다. 또한 첨단 비즈니스 모델의 출현으로 혁신적인 미래 인재를 필요로 한다. 간호사도 전통적인 업무에서 새로운 영역으로 확대가 절실히 요구된다. 새로운 분야는 선점하는 직종이 선점효과에 의해 절대 우위를 점유할 수 있다. 간호사 업무 영역의 확대를 위해서, 미래를 위한 적극적인 대응이 필요한 시점이다.

1) 간호사 수요 증가

한국고용정보원(2012) 중장기 인력수급전망(2010~2020)에 의하면 2020년까지 일자리가 늘어날 것으로 예상되는 산업 중에서 보건업은 5위에 랭크되었으며 2010년부터 2020년까지 664,000명에서 1,069,000명으로 연평균 4.8%의 증가율을 예상하고 있다. 또한 일자리가 늘어날 것으로 예상되는 직업 중에서 간호사는 10위에 랭크되었으며 2010년부터 2020년까지 170,000명에서 253,000명으로 연평균 4.0%의 증가율을 예상하고 있다.

보건복지부령으로 정하는 입원환자를 대상으로 보호자 등이 상주하지 않고 간호사 간호조무사 및 그 밖에 간병지원인력에 의하여 포괄적으로 제공되는 입원서비스인 간호·간병통합서비스의 실시로 인하여 간호사 인력의 수요 증가가 예상된다.

2) 간호사 영역의 전문화, 세분화

간호사의 업무가 새로운 의료기술의 발달, 전문 간호의 수요 확대, 노령인구의 증가로 더욱 전문화, 세분화될 전망이다. 현재 의료법에서 인정하고 있는 전문 간호사 분야는 가정, 감염관리, 노인, 마취, 보건, 산업, 아동, 응급, 임상, 정신, 종양, 중환자, 호스피스로 13개 전문분야가 운영되고 있으며, 세분화 분야로는 병원수술, 투석, 신경, 조혈모세포이식, 신생아, 당뇨병교육, 여성건강, 병원상처/장루/실금, 한방 등이 운영되고 있다. 앞으로 세분화가 더욱 진전될 전망이며 간호사의 세분화는 시대가 요구하는 세계적 흐름이다.

3) 간호사의 지위향상

"간호사법 제정은 건강한 대한민국을 만드는 길입니다.

— 간호법이 제정되면, 환자는 간호사로부터 안전한 간호를 제공받게 됩니다.

— 환자는 지역 간 차별 없는 질 높은 간호서비스를 누리게 됩니다.

— 국민 모두가 건강하고 안전한 대한민국이 만들어집니다"라는 모토로 대한간호협회에서 간호법의 제정을 추진하고 있다. 간호법이 제정되면 간호사의 지위 향상은 물론 간호의 체계적이고 효율적인 운영이 가능해질 전망이다. 또한 간호사 특유의 태움(직장 내 괴롭힘을 뜻하는 용어) 문화, 과도한 노동시간, 초과 근무시간에 따른 시간외 수당 미지급, 성희롱 문제, 임신·사표순번제 등 간호사의 인권 침해 사례를 개선하고 재발 방지를 위해 간호사인권센터의 설립을 추진하고 있다.

4) 간호사 의료수가제의 합리적 반영

간호사는 전문의료인이다. 현행 의료수가 체계는 간호사의 근로가치를 미약하게 반영한다. 의사들은 의료행위에 비례하여 의료수가를 산출해 보상을 받는다. 간호 인력을 많이 채용할수록 인력 수가를 반영해 병원에 지원해야 한다. 간호사가 늘어나면 병원 재정의 부담을 가중시켜 간호사의 채용을 망설이게 한다. 그러나 간호사는 의료수가가 미약하므로 병원에서는 간호사의 채용을 부담스러워 한다. 따라서 간호 인력에 대한 의료수가의 합리적 반영이 절실하게 요구됩니다. 야간전담 간호사 수가 신설로 간호사의 의료수가가 확대되기를 기대하여 본다.

5) 정신보건간호의 필요성

혁신적인 과학기술의 발달로 인한 인간 소외 현상의 심화, 의학기술의 발전으로 인한 노령인구의 증가, 스트레스로 인한 정신질환과 범죄, 정보통신기기(인터넷, 스마트폰 등) 과다 사용, 1인 단독가구의 급속한 증가는 정신보건간호의 필요성과 영역을 넓혀가고 있다.

6) 간호사가 진출할 수 있는 직업 정보

간호사의 전문적인 지식을 활용하여 진출할 수 있는 미래 유망한 직업을 소개한다. 미래를 함께할 새로운 직업(한국고용정보원 2015.12), 잡아라 미래직업(곽동훈 외 스타리치북스 2015.06), 4차 산업혁명 시대 전문직의 미래(리처드 서스킨드 외 와이즈베리 2016.12 2-1 의료), 색다른 직업 생생한 인터뷰(한국고용정보원, 진한엠앤비 2015.07)의 내용을 발췌하여 알아본다.

(1) 미래를 함께할 새로운 직업(한국고용정보원 2015.12)

① 의료관광경영코디네이터

의료관광을 추진하고자 하는 의료기관 및 외국인 유치업체를 대상으로 전략적 마케팅 방법, 국제보건법, 의료사고관련법 등 법률적 관점사항, 종교 및 인종적 쟁점사항, 의료중개업체 서비스 사업 등을 컨설팅한다.

② 모낭분리사

모발이식 수술 시모발의 높은 생착률을 위해 빠르고 정확하게 모낭을 분리한다.

③ 스마트헬스케어서비스 기획자

스마트 헬스케어 서비스(건강측정기 등 액세서리나 웨이러블기기를 활용하여 개인이 스스로 운동량, 심전도, 심장박동 등을 체크해 건강을 관리할 수 있는 서비스)를 기획, 개발한다.

④ 생명윤리운영원

생명윤리운영회(IRB Institutional Review Board)의 역할 수행에 필요한 일련의 행정적인 지원 업무를 수행한다. 생명윤리운영회에 제출된 연구계획 제출서류를 사전 검토하고 접수하며 안건에 대한 심의가 진행되기 위한 사전 준비 업무를 진행한다.

⑤ **임상시험담당자**(CRA Clinical Reasech Associate)

신약개발 과정에서 필요한 피험자의 안전, 권리를 보호하여 신뢰성과 과학적인 자료가 확보될 수 있도록 모니터링 하는 일을 한다.

(2) 잡아라 미래직업(곽동훈 외 스타리치북스 2015. 6)

① 간호로봇 전문가: 미래의 간병인
② 디지털 디톡스 치료사: 담배보다 강한 온라인 중독성
③ 생체인식전문가: 내 몸이 비밀번호가 된다.
④ 슈퍼베이비디자이너: 태어나기도 전에 질병을 예방한다.
⑤ 유전자 상담사: 유전자에 따라 달라지는 치료법
⑥ 질병검역 관리자: 바이러스의 확산을 초기에 저지한다.
⑦ 환경의학 전문가: 주변 환경을 보면 증상의 원인이 보인다.

(3) 4차 산업혁명 시대 전문직의 미래
(리처드 서스킨드 와이즈베리 2016.12 2-1 의료편)

강연자이자 작가이며 국제적 전문가기업 및 영국 정부의 독립자문위원인 저자 리처드 서스킨드는 4차 산업혁명 시대 전문직의 미래에서 법의간호사, 생명과학시험원, 임상시험관리분야, 의료사고중재조사관을 의료 관련 유망 직업으로 꼽고 있다.

(4) **색다른 직업 생생한 인터뷰**(한국고용정보원, 진한엠앤비 2015.07)

① **검시관**

변사사건을 조사하고 결과보고서를 작성하는 등 변사자의 사인을 규명하는 일을 한다.

② 국제의료마케팅전문가

외국의 환자를 국내에 유치하기 위한 마케팅을 수행한다.

③ 베이비 플래너

예비부모에게 임산부 건강관리법, 태교방법, 출산용품, 돌잔치 정보 등 임신부터 출산, 육아에 이르기까지 필요한 정보를 제공한다.

④ 의료중재사고조사관

의료사고가 발생했을 때 해당 사안에 대한 모든 의료적 자료(진료차트, 각종검사기록 등)를 바탕으로 의료사고의 발생원인 및 인과관계 등을 조사한다.

이 외에도 의료기기 업체의 인·허가 생산 및 품질관리 관련 업무를 총괄하여 규제당국(식약청)과 의사소통 창구 역할을 하는 RA(Regulatory Affairs)와 의학정보를 그림으로 표현하는 의료일러스트레이터(Medical Ilistration)도 간호사의 전문적인 지식을 활용할 수 있는 미래 유망 직업이다.

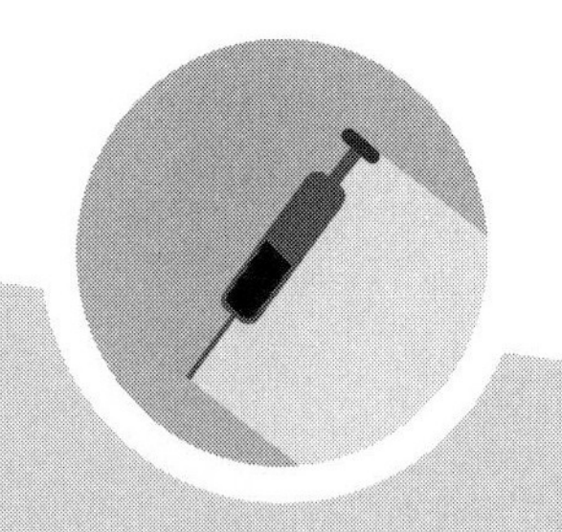

PART 3
간호학과

원시시대부터 어머니는 마실 것과 먹을 것을 마련하고,
사는 것을 깨끗하게 관리하여 질병이 생기지 않도록 하였으며
혹시 병에 걸리면 회복할 수 있도록 보살피는 일을 해 왔습니다.
간호는 이런 어머니의 마음(모성)에서 나온 것이라고 합니다.
_ 출처 : 서울대학교 간호대학 간호학박물관

간호학과

I. 간호와 간호학

1. 간호란 무엇인가?

간호(看護, nursing)란 무엇인가?

일반적으로 간호는 '다쳤거나 앓고 있는 환자나 노약자를 보살피고 돌봄' 또는 '개인, 가정, 또는 공동체를 상대로 건강 증진을 목적으로 도움을 주는 일이다.' 라고 정의한다. 서울대학교 간호대학 간호학박물관의 홈페이지에는 간호를 다음과 같이 설명하고 있다.

> 영어로 간호 (Nursing)는 '영양분을 주다, 키우다, 자라게 하다'는 뜻입니다. 한자로 간호(看護)의 간(看)은 '보다, 지키다'를 호(護)는 '보호하다, 감싸다'를 뜻하고 있습니다.
> 이러한 간호의 의미를 통해 가장 먼저 누구를 떠올리나요? 바로 어머니지요. 원시시대부터 어머니는 마실 것과 먹을 것을 마련하고, 사는 것을 깨끗하게 관리하여 질병이 생기지 않도록 하였으며 혹시 병에 걸리면 회복할 수 있도록 보살피는 일을 해 왔습니다. 간호는 이런 어머니의 마음(모성)에서 나온 것이라고 합니다.
> 1860년 나이팅게일은 간호를 환자가 자연적으로 치유되도록 돕는 것이라 설명하였으며 1980년 미국간호협회는 간호를 '건강문제에 대한 인간의 반응을 진단하고 치료하는 것'이라고 하였습니다. 1983년 대한간호협회는 간호를 '건강문제를 가진 인간을 돕고 그와 관련된 대인관계를 맺는 것'이라고 설명했습니다.

대한간호협회에서는 「간호란 모든 개인, 가정, 지역사회를 대상으로 하여 건강의 회복, 질병예방, 건강유지와 증진에 필요한 지식, 기력, 의지와 자원을 갖추도록 직접 도와주는 활동이다」(Nursing is an activity of directly helping all individuals, homes, and communities to obtain necessary knowledge, energy, resolution, and resources to recover from and prevent diseases, as well as maintain and enhance health.)라고 정의하고 있다.

미국간호협회는 간호란 '도움을 주는 전문직으로 인간의 건강과 안녕에 기여하는 도움을 제공한다. 간호는 그 도움을 받아들이는 개인에게는 생명에 관계되는 중대한 요소이다. 그것은 다른 사람이나 가족이 주지 못하는 필요한 요구를 충족시켜 준다'고 하였으며 국제간호사협회는 '간호란 건강, 불건강을 막론하고 건강한 생활과 건강의 회복 시에 개인이 일상생활을 유지하는데 필요한 만큼의 의지와 지식 및 힘이 부족할 때 이를 보충해 주는 것이며 이를 통해서 대상자가 독립성을 빨리 갖도록 도와주는 것이다'라고 정의한다.

또한 컬럼비아 대학 간호학과 교수인 버지니아 헨더슨(Virginia Henderson)은 "환자, 또는 건강한 사람의 경우에도 그 본인을 도와서 가능한 한 빨리 스스로 자신의 관리를 할 수 있도록 하는 것과 같은 방법으로 지원을 하는 것이다"라고 정의하였고, 근대 간호의 기초를 확립한 플로렌스 나이팅게일(Florence Nightingale 1820~1910)은 "간호는 과학이고 예술이며 전문적 직업이다"라고 정의하였다.

2. 간호학이란?

간호학이란 무엇을 배우는 학문인가? 여러 가지 이론과 학설이 있지만 여기에서는 한국민족문화대사전, 간호계의 노벨상이라 불리는 '국제간호대상'과 간호사 최고의 영예인 '플로렌스 나이팅게일기장'을 수상한 김수지 박사, 한양대학교 간호학부 홈페이지를 통해서 살펴보기로 한다.

> 간호란 간호 대상자인 인간이 건강을 유지 · 증진하고 질병을 예방하거나 질병으로부터 회복할 수 있도록 돕는 행위이다. 이러한 간호 실무의 지침이 되는 과학적 지식체가 곧 간호학이다. 다시 말해서, 간호학은 인간을 대상으로 하는 돌봄에 관한 학문이다. 간호학의 본질은 돌봄(caring)이며, 간호학의 네 가지 주요 메타패러다임은 인간, 환경, 건강, 간호이다. 간호학은 인간이 주어진 환경 속에서 건강을 유지 · 증진하도록 어떻게 간호할 것인가에 관한 실무 과학(practice science)이

라고 할 수 있다.(출처 한국민족문화대사전)

간호계의 노벨상이라 불리는 '국제간호대상'과 간호사 최고의 영예인 '플로렌스 나이팅게일기장'을 수상한 김수지 박사는 "간호학과 의학은 서로 초점이 다르다. 의학은 큐어(cure)이고, 간호는 케어(care)이다. 의학의 초점은 아픈 병소 부분이지만 간호의 초점은 그 병소를 아파하는 사람 전체이다. 의사는 병리적인 곳을 찾아내 진단하고 아픈 부위를 치료한다. 그러나 실제로 그 치료를 실행하는 사람은 간호사이다. 따라서 간호는 훨씬 포괄적이고 전인적이며 여기엔 심(心)—신(身)—영(靈) 관계가 다 포함된다. 그러기에 간호는 사람을 싫어하면 하기 어렵다. "사람을 사랑하는 마음이 있을 때 헌신적으로 돌볼 수 있으며, 이러한 돌봄을 통해 환자가 회복되고 더 건강해질 수 있다."라고 간호학과 의학의 차이를 설명하고 있다.(김수지/ 사랑의 돌봄은 기적을 만든다/비전과 리더십)

간호학이라는 학문은 건강의 회복, 질병의 예방, 건강의 유지 및 증진에 필요한 지식·기력·의지·자원 등을 갖추도록 하는 일련의 간호 활동에 관한 이론을 연구하고 연구를 바탕으로 전문 간호인을 양성하는 학문입니다. 쉽게 말해서 간호는 인간의 건강을 보호하고 증진시키고, 질병으로부터 회복할 수 있도록 돕는 활동으로 간호학과에서는 건강의 회복, 질병의 예방, 건강의 유지 및 증진에 필요한 지식을 배우고, 환자들을 회복시키고 재활을 돕는 간호 활동에 대한 이론을 배웁니다.(한양대학교 간호학부 홈페이지)

간호학의 종류에는 간호학개론, 간호사정, 간호진단, 간호과정, 간호평가와 기록, 간호사회학, 간호행정학, 기본간호학, 노인간호학, 모성간호학, 보건간호학, 성인간호학, 신생아간호학, 아동간호학, 응급간호학, 정신간호학, 종양간호학, 지역사회간호학, 한방간호학 등이 있다. 간호학의 관련 학문으로는 기초의학인 미생물학, 병리학, 병인학, 생리학, 생화학, 약리학, 해부학과, 교육학, 보건학, 사회복지학, 생물학 등이 있다.

II. 간호학과의 개요

1. 간호학과의 소개

간호학과는 의료전문인 '간호사'의 육성을 목표로 한다. 우리나라 대학, 전문대학 204개 간호학과 중에서 가톨릭대학교 간호대학 간호학과, 단국대학교 간호대학 간호학과, 아주대학교 간호대학 간호학과, 이화여자대학교 간호대학 간호학부, 한양대학교 간호학부 학과 소개를 인용한다.

○ 가톨릭대학교 간호대학 간호학과

가톨릭대학교 간호대학은 1954년 성 요셉 간호학교로 시작하여 1995년 3월 단과대학으로 승격하면서 50년이 넘는 세월 동안 국내 간호교육계의 선두주자로서 자리매김하며 인간과 생명존중을 중시하는 가톨릭대학으로 변모하였다. 간호대학은 한국대학교육협의회가 1997년 전국 4년제 간호대학을 대상으로 최초로 실시한 대학평가에서 최우수 대학으로 인정받은 최상의 교육여건을 갖춘 대학이다.

또한, 우리나라 호스피스의 간호를 선도하여 호스피스 교육 · 연구 사업을 특성화해 간호의 새로운 장을 개척해왔다. 서태평양 지역의 유일한 WHO 협력 센터인 본 대학 호스피스 교육연구소는 국제적 무대에서 가톨릭대학교 간호대학의 새로운 역사를 만들어 가는 데 공헌하고 있다. 이는 모든 교직원과 학생 모두가 함께 노력하고 있다는 것을 보여주는 대표적 활동이라 할 수 있다.

가톨릭대학교 간호대학은 가톨릭 정신에 바탕을 둔 진리, 사랑, 봉사의 교육이념과 나이팅게일 정신에 입각하여 올바른 윤리와 지성을 통합한 인격을 닦아 인류사회에 공헌할 수 있는 인간존중의 참 간호사를 육성한다.

○ 단국대학교 간호대학 간호학과

인류의 평균수명이 연장되면서 건강에 대한 사회적 요구가 더욱 커지고 있다. 1992년 신설된 우리 간호학과는 변화하는 사회 속에서 인간이 최적의 건강을 유지하고, 최대의 잠재력을 개발할 수 있도록 도와주는 건강전문인을 육성하는 데 교육목표를 두고 있다.

이를 위하여 인간의 심신을 이해하는 기초가 되는 사회과학 및 기초자연과학을 배우며 간호대상자의 건강잠재력을 극대화할 수 있는 간호학 지식 및 기술을 습득케 하고 있다. 또한 최신 기자재가 완비된 간호학 실습실과, 800여 병상을 갖춘 본교 부속 병원 및 보건소, 산업장, 학교를 실습지로 이용하여 수준 높은 실습교육을 제공하고 있다.

○ 아주대학교 간호대학 간호학과

간호학과는 의료보건기술의 발달과 세계화에 따른 다양한 대상자의 요구를 충족시키기 위하여 '인간 사랑을 실천하는 간호사, 능력을 발휘하는 간호사, 세계화를 추구하는 간호사' 육성을 목표로 교육과정을 운영하고 있다. 특히 인간 사랑을 실천하는 기본 소양 함양을 위하여 사회봉사 실습을 바탕으로 간호인의 자세를 갖추도록 하고 있으며 간호연구를 통하여 학문에 대한 깊이 있는 이해를 도모하고, 실습을 통하여 전문직관의 확립, 간호윤리의 준수, 숙련된 간호술, 의사소통능력, 교육자적 · 지도자적 역할 수행, 건강문제 인력과의 협동을 배울 수 있게 하고 있다. 또한 희망분야를 선택하여 실습하는 기회를 제공하여 현장에서의 적응능력을 높일 수 있도록 하고 있다.

○ 이화여자대학교 간호대학 간호학부

간호대학은 21세기 간호지도자를 양성하여 인류의 안녕과 삶의 질 확보에 공헌하고자 한다. 인간존중과 봉사정신을 바탕으로 체계적인 간호교육을 통하여, 간호대상자(아동, 청소년, 성인, 노인), 가족, 지역사회의 건강증진과 질병 예방, 회복 및 안녕을 실현하는데 필요한 과학적 간호지식과 실무능력을 배양한다. 보건 현장에서 지도자적 역량을 발휘하도록 인문과학, 사회과학, 자연과학 및 예술과학 등과 간호과학을 통합적으로 학습한다. 학교교육과 함께 병원, 학교, 기업, 정부 및 연구기관 등에서의 실질적인 간호 경험을 쌓도록 하여 세계적 경쟁력을 갖춘 글로벌 리더로 배출한다.

○ 한양대학교 간호대학 간호학부

간호학이라는 학문은 건강의 회복, 질병의 예방, 건강의 유지 및 증진에 필요한 지식 · 기력 · 의지 · 자원 등을 갖추도록 하는 일련의 간호 활동에 관한 이론을 연구하고 연구를 바탕으로 전문 간호인을 양성하는 학문이다. 쉽게 말해서 간호는 인간의 건강을 보호하고 증진시키고, 질병으로부터 회복할 수 있도록 돕는 활동으로 간호학과에서는 건강의 회복, 질병의 예방, 건강의 유지 및 증진에 필요한 지식을 배우고, 환자들을 회복시키고 재활을 돕는 간호 활동에 대한 이론을 배운다.

간호학은 모든 인간, 그리고 인간이 일정한 지역을 바탕으로 하여 공동생활을 하는 공동체인 지역사회를 대상으로 하며 사람들의 신체적인 부분뿐만 아니라 정신적, 사회적으로 인간적인 삶을 영위할 수 있도록 돕는 학문이다. 간호학은 인간을 대상으로 하는 학문이므로 기본적으로 이공계에서 말하는 일반과학이 아니라 자연과학 · 인문과학 · 사회과학을 기초로 하는 응용과학이라고 볼 수 있다.

2. 간호학과의 적성

간호학과를 진학하고자 한다면 공통적으로 나눔, 돌봄, 베품, 섬김의 사명감과 책임감의 가치관이 요구된다. 서울진로진학센터의 간호학과 적성과 흥미와 우리나라 대학, 전문대학 간호학과 중에서 가톨릭대학교 의과대학 간호학과, 경희대학교 간호대학 간호학과, 단국대학교 간호대학 간호학과, 대전대학교 보건의료대학 간호학과, 순천향대학교 의과대학 간호학과, 아주대학교 간호대학 간호학과의 학과 적성과 성신여자대학교 간호대학 간호학과 인천가톨릭대학교 간호대학 간호학과 조선대학교 의과대학 간호학과 충북대학교 의과대학 간호학과의 인재상을 인용하니 입시에 적극 활용하시기 바란다.

인체나 질병, 생명 등에 대한 관심이 있고, 기초의학 분야를 공부하기 때문에 생물이나 화학 등의 교과목에 흥미와 소질이 있다면 간호학에 대한 흥미를 가질 수 있습니다. 그러나 공부해야 할 분량은 방대하다는 점을 미리 인지하고 끈기 있게 공부할 수 있어야 합니다. 병원에서 다양한 사람과 아픈 환자들을 만나고 함께 생활해야 하기 때문에 대인관계가 원만하고, 이해심이 많은 사람에게 적합합니다. 남을 도와주는 것을 좋아하고 책임감과 성실함이 필요합니다.
(서울진로진학센터)

· 언제나 질병, 생명 등에 대한 관심이 있고 타인에 대한 관심이 있는 학생
· 일부 과학 교과목을 잘하기보다 비판적 사고능력과 문제 해결능력을 가진 학생
· 대인관계가 좋고 의사소통능력을 갖춘 학생
· 타인을 보살펴주는 데 즐거움을 느끼는 학생
· 팀활동을 통해 팀의 성과에 대한 책임감 및 자신의 업무에 대한 책임을 완수할 수 있는 학생
(가톨릭대학교 의과대학 간호학과)

간호학은 인간에 대한 애정 어린 관심과 과학적인 탐구를 추구하는 학문입니다. 현대사회에서 보건의료인으로서의 간호사의 역량은 시민건강에 있어서 중추적인 역할을 담당하고 있습니다. 간호학에서는 인간을 위한 과학을 구현하고자 하는 신념을 가진 인재가 필요합니다.
(경희대학교 간호대학 간호학과)

· 생명, 화학, 물리 등 과학과목은 물론 인문학에도 관심이 많다.
· 배려성이 깊고 스스로를 통제하며 절제할 줄 안다.
· 급변하는 환경에 유연하게 대처할 수 있다.
· 분석하고 생각하는 것을 좋아한다.
· 체력이 좋고, 성실하고, 책임감이 강하다는 소리를 자주 듣는다.
· 타인과의 교류를 좋아하며 따뜻한 마음을 갖고 있다.
· 평생 전문직 직장활동을 원하며, 사회에 기여하고 싶다.
· 미래사회를 이끌며 팀워크에 있어 지도자적 자질이 있다.
(고려대학교 간호대학 간호학과)

간호학은 전문적이고 지도자적인 자질을 갖춘 건강전문인을 육성하는 데 목적이 있습니다. 따라서 간호대상자인 인간에 대한 이해를 위해 기본적인 소양교육을 받아야 하며 그 외에도 이타성과 책임감을 배양하고 간호대상자의 질병 및 건강과 관련하여 직관력, 분석능력, 적극성 등을 갖추어야 합니다. 또한 다양한 보건의료인과의 관계에서 조정자로서의 역할을 수행하기 위하여 원만한 대인관계 및 의사소통 능력이 요구됩니다.
(단국대학교 간호대학 간호학과)

간호사에게 가장 필요한 정신은 타인에 대한 관심과 사랑, 봉사정신입니다. 정신적, 육체적으로 가장 어려운 시간을 보내고 있는 환자들을 이해할 수 있어야 하며 사람의 생명과 직접 연관된 일을 수행하는 직업이기 때문에 생명을 존중하는 마음과 신중하고 책임감 있는 성격이어야 합니다.
(대전대학교 보건의료대학 간호학과)

인체나 질병, 생명 등에 관한 관심이 있고 타인에 대한배려심이 있는 학생
일부 과학 교과목을 잘하기보다 비판적 사고 능력과 문제해결능력을 갖춘 학생
대인관계가 좋고 의사소통능력을 갖춘 학생
타인을 보살펴 주는데 즐거움을 느끼는 학생
팀 활동을 통해 팀의 성과에 대한 책임감 및 자신의 업무에 대한 책임을 완수할 수 있는 학생
(순천향대학 전공안내서 간호학과)

환자를 먼저 생각할 수 있는 마음과 방대한 양의 국내외 이론서적 및 고된 실습을 소화시킬 수 있는 스트레스 감내성이 필요합니다. 소중한 사람의 생명을 구하는 일에 보람을 느끼고 환자의 고통을 함께 나눌 수 있어야 합니다.
(아주대학교 간호대학 간호학과)

인류의 생명과 안녕을 위하여 봉사하며 인간의 건강증진과 질병회복에 필요한 과학적 자질과 도덕성 그리고 소명의식을 가진 진취적인 의료인

(성신여자대학교 간호대학 간호학과)

나눔 인재 과학적 실무인재 글로벌 인재
(인천가톨릭대학교 간호학과)

봉사정신과 리더십이 투철하여 인류 사랑과 건강증진에 이바지할 수 있는 유능한 인재
(조선대학교 의과대학 간호학과)

나는 인류애를 실천하고 의미 있는 삶을 살고자 한다!
나는 책임의식과 봉사정신이 투철하다!
나는 간호실무와 연구에 관심이 많다
(충북대학교 의과대학 간호학과)

III. 간호학과 교과과정

1. 전공과목 소개

1) 기본간호학

전인간호의 실현을 위하여 간호문제해결과 관련된 기본적인 지식, 기술 태도를 학습하며, 효율적인 의사소통능력을 함양하여 간호대상자 및 관련 분야 전문가들과 상호협동하여 간호현장에 적용할 수 있게 한다.

2) 성인간호학

성인 환자의 간호문제를 창의적이고 비판적인 사고를 통해 통합적으로 해결하는데 필요한 지식과 기술을 습득한다. 실제 간호활동에 요구되는 기본원리를 이해해 질병의 치료, 예방, 재활 및 건강증진을 위해 필요한 역량을 갖추도록 하는 학문이다.

3) 아동간호학

아동의 성장발달 및 아동의 신체적, 생리적 특성과 관련된 지식을 습득한다. 또한, 아동과 그 가족의 건강문제를 해결하는 과정을 학습하며 창의적이고 비판적인 사고를 통하여 아동과 그 가족의 건강문제를 통합적으로 해결할 수 있는 역량을 기른다.

4) 모성간호학

모성 간호학은 여성의 성특성에 관련된 생애주기에 따른 건강문제들을 해결하기 위한 과학적인 학문이다. 전문적인 간호지식과 간호술을 습득하여 대상자에게 제공하고 여성과 그 가족의 건강관리와 증진을 위한 교육을 계획, 실천할 수 있도록 한다.

5) 정신간호학

정신간호의 개념과 인격발달 과정을 이해하고 치료적 의사소통 능력의 함양을 통하여 간호대상자 및 관련 분야와 상호협동적인 인간관계를 이룰 수 있는 방법을 익힌다. 임상 및 지역사회 정신질환자의 문제를 사정하고 간호를 계획, 수행, 평가할 수 있는 지식과 숙련된 기술을 습득하여 전인간호를 제공할 수 있는 역량을 기른다.

6) 지역사회간호학

지역사회간호란, 지역사회를 대상으로 간호제공 및 보건교육을 통하여 지역사회의 적정 기능수준의 향상(지역사회 스스로 건강문제를 해결할 수 있는 자기건강관리 기능수준)에 기억하는 것을 궁극적 목표로 하는 과학적인 학문이다.

7) 간호관리학

간호관리학이란 간호관리의 단계인 기획, 조직, 인사, 통제에 대한 이론과 기능적인 측면을 습득하여 이를 간호현장에 적용하여 간호업무를 효율적, 효과적으로 관리할 수 있는 능력을 키울 수 있는 과목이다.(출처 가톨릭대학교 학과 · 전공 소개)

8) 노인간호학

노인과 관련된 사회, 심리, 생리적 변화를 이해하고 주요 건강문제를 파악하여 노인의 건강유지, 증진을 위한 간호조정방법을 학습한다.

9) 기초간호과학

간호학에서 필요로 하는 인체의 구조와 기능 및 질병의 원인과 발병 기전을 분자 수준에서 시작하여 개체수준 까지 이해할 수 있도록 병원미생물학, 병태생리학, 생리학, 해부학 등 기초 간호과학 분야의 지식(출처 고려대학교 학과 · 전공 소개)

2. 교과과정

서울대학교 간호대학 간호학과 로드맵과 학년별 교과목을 살펴보기로 한다.

1) 학부과정 로드맵

입학 → 1학년(교양과목) → 진입식 → 2학년(전공기초) → 나선식 → 3 · 4학년(전공&실습)→ 국가고시→졸업

2) 학년별 교과목(□ 교양필수 ▷ 교양선택 ■ 전공필수 ▶전공선택)

○ 1학년

■ 간호학개론 ■ 인간과 건강 □ 심리학 개론 □ 화학 □ 화학 실험 □ 언어와 문학 □ 정치와 경제 □ 생물학 □ 생물학 실험 □ 글쓰기의 기초 □ 외국어1 □ 외국어2 □ 문화와 예술 ▷ 학생자율선택학점

○ 2학년

□ 사회학의 이해 □ 생명의료 윤리 ■ 간호통계학 ■ 건강교육과 상담 ■ 건강증진 행위 개론 ■ 기본간호학 및 실습 I ■ 기본간호학 및 실습 II ■ 병원미생물학 ■ 병태생리학 ■ 약물기전과 효과 ■ 영양과 식이 ■ 의사소통/인간관계 및 실습 ■ 인체구조와 기능 및 실험 ■ 지역사회간호학 I

○ 3학년

■ 간호연구개론 ■ 아동건강간호학 ■ 간호정보학 및 실습 ■ 아동건강간호학 실습 ■ 노인건강간호학 및 실습 ■ 재활간호학 및 실습 ■ 성인건강간호학 I ■ 정신건강간호학 I ■ 성인건강간호학 II ■ 지역사회간호학 II ■ 성인건강간호학 실습 I ■ 지역사회간호학 실습 ■ 성인건강간호학 실습 II

○ 4학년

■ 가족건강간호 및 실습 ■ 정신건강간호학 실습 ■ 간호관리학 ■ 출산기가족간호학 ■ 간호관리학 실습 ■ 출산기가족간호학 실습 ■ 간호연구 실습 ■ 간호윤리세미나 ■ 간호특론 ■ 정신건강간호학 II ▶ 보건의료와 간호정책 ▶ 여성건강간호학 및 실습 ▶ 중환자간호 및 실습 2 ▶ 학교보건간호 및 실습

2014년 62개 대학 간호학과를 대상으로 중앙일보에서 발표한 전국 대학 간호학과 평가에서 최상위를 기록한 호서대학교 간호학과의 교과과정을 살펴보기로 한다.

호서대학교 간호학과의 교과과정

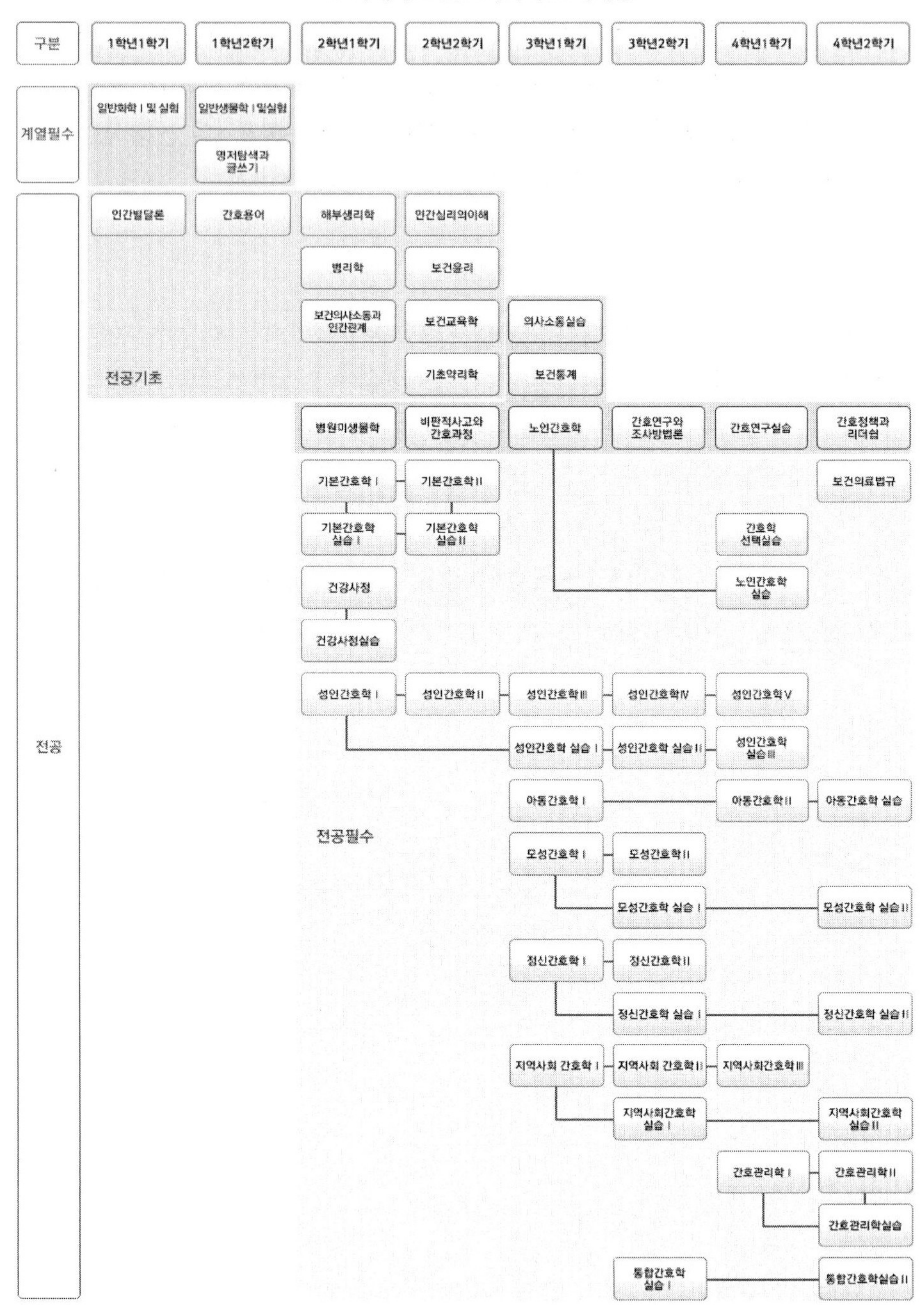

출처 호서대학교 간호대학 간호학과 홈페이지

Ⅳ. 전국 간호학과 리스트

1. 대학 간호학과

일반대학 간호학과 중에서 가천대, 가톨릭대, 강원대(춘천), 경희대, 국군간호사관학교, 성신여대, 연세대(서울/원주), 아주대(교차), 이화여대, 인하대, 중앙대, 한양대 등은 인문계열과 자연계열을 분리모집 한다. 또한 간호학과 모집인원이 100명 이상인 대학으로는 가야대, 가천대, 건양대, 경동대, 경북대, 경운대, 경일대, 고신대, 계명대, 남부대, 단국대, 대구가톨릭대, 동신대, 동의대, 백석대, 원광대, 예수대, 전북대, 중앙대, 청주대, 초당대, 한림대 등이 있다.

※ ( ) 괄호 안은 인문 자연계열 분리모집 대학과 입학정원

(1) 서울특별시

- ○ KC대 간호학부(40)
- ○ 가톨릭대 간호대학(인문/자연 80)
- ○ 경희대 간호과학대학 (인문/자연 85)
- ○ 고려대 간호학과 (60)
- ○ 삼육대 간호학과 (65)
- ○ 서울대 간호대학 (63)
- ○ 성신여대 간호대학(인문/자연 88)
- ○ 연세대 간호대학(인문/자연 73)
- ○ 이화여대 간호대학(인문/자연 78) ※ 간호학전공/글로벌건강간호학전공
- ○ 중앙대 적십자간호대학(인문/자연 300)
- ○ 한국성서대 간호학과 (45)
- ○ 한양대 간호학부(인문/자연 38)

(2) 부산광역시

○ 경성대 간호학과(40)
○ 고신대 간호대학(100)
○ 동명대 간호학과(60)
○ 동서대 간호학과(60)
○ 동아대 간호학과(80)
○ 동의대 간호학과(110)
○ 부경대 간호학과(40)
○ 부산가톨릭대 간호대학(85)
○ 부산대 간호학과(80)
○ 신라대 간호학과(50)

(3) 인천광역시

○ 가천대 간호대학(인문/자연 255)
○ 인천가톨릭대 간호대학(40)
○ 인하대 간호학과(인문/자연 80)

(4) 대구광역시

○ 경북대 간호대학(110)
○ 계명대 간호대학(140)

(5) 광주광역시

○ 광주대 간호학과(80)
○ 광주여대 간호학과(80)
○ 남부대 간호학과(140)
○ 송원대 간호학과(70)
○ 전남대 간호대학(88)
○ 조선대 간호학과(80)
○ 호남대 간호학과(85)

(6) 대전광역시

○ 건양대 간호대학(150)
○ 국군간호사관학교 간호대학(인문/자연 85)
○ 대전대 간호대학(70)
○ 배제대 간호학과(50)
○ 우송대 간호학과(80)
○ 을지대(대전) 간호대학(70)
○ 충남대 간호대학(90)
○ 한남대 간호학과(50)

(7) 울산광역시

○ 울산대 간호학과(99)

(8) 경기도

○ 대진대 간호학과(40)
○ 수원대 간호학과(41)
○ 신경대 간호학과(40)
○ 신한대 간호대학(70)
○ 아주대 간호대학(70)
○ 을지대(성남) 간호대학(80)
○ 차의과학대 간호대학(70)
○ 평택대 간호학과(25)
○ 한세대 간호학과(25)

(9) 강원도

○ 가톨릭관동대 간호학과(53)
○ 강릉원주대 간호학부(75)
○ 강원대 삼척캠퍼스 간호학과(65)
○ 강원대 춘천캠퍼스 간호학과(인문/자연70)
○ 경동대 간호학과(315)
○ 상지대 간호학과(50)
○ 연세대 원주캠퍼스 간호학과(50)
○ 한림대 간호학부(105)
○ 한중대 간호학과(80)

(10) 충청남도

○ 건양대 간호학과(150)
○ 공주대 간호보건대학(64)
○ 나사렛대 간호학과(45)
○ 남서울대 간호학과(40)
○ 단국대 천안캠퍼스 간호대학(112)
○ 백석대 간호학과(100)
○ 상명대 천안캠퍼스 간호학과(50)
○ 선문대 간호학과(57)
○ 순천향대 간호학과(50)
○ 중부대 간호학과(65)
○ 청운대 간호학과(65)
○ 한서대 간호학과(60)
○ 호서대 간호학과(50)

(11) 충청북도

○ 건국대 글로컬캠퍼스 간호학과(65)
○ 극동대 간호학과(65)
○ 꽃동네대 간호학과(40)
○ 세명대 간호학과 (90)
○ 영동대 간호학과(30)
○ 중원대 간호학과(65)
○ 청주대 간호학과(100)
○ 충북대 간호학과(60)
○ 한국교통대 간호학과(55)

(12) 전라남도

○ 동신대 간호학과(105)
○ 목포가톨릭대 간호학과(90)
○ 목포대 간호학과(60)
○ 세한대 간호학과(80)
○ 순천대 간호학과(60)
○ 초당대 간호학과(145)
○ 한려대 간호학과(50)

(13) 전라북도

○ 군산대 간호학과(40)
○ 서남대 남원캠퍼스 간호학과(65)
○ 예수대 간호학부(115)
○ 우석대 간호학과(80)
○ 원광대 간호학과(100)
○ 전북대 간호대학(100)
○ 전주대 간호학과(50)
○ 한일장신대 간호학과(52)
○ 호원대 간호학과(60)

(14) 경상남도

○ 가야대 간호학과(144)
○ 경남과학기술대 간호학과(40)

○ 경남대 간호학과(90)

○ 경상대 간호대학(70)

○ 영산대 간호학과(80)

○ 인제대 간호학과(80)

○ 창신대 간호학과(85)

○ 창원대 간호학과(30)

○ 한국국제대 간호학과(40)

(15) 경상북도

○ 경운대 간호학과(150)

○ 경일대 간호학과(100)

○ 경주대 간호학과(40)

○ 김천대 간호학과(90)

○ 대구가톨릭대 간호학과(100)

○ 대구대 간호학과(80)

○ 대구한의대 간호학과(85)

○ 동국대 경주캠퍼스 간호학과(70)

○ 동양대 간호학과(60)

○ 안동대 간호학과(40)

○ 위덕대 간호학과(40)

(16) 제주도

○ 제주대 간호학과(70)

2. 전문대학 간호학과

1) 4년제 간호학과

(1) 서울특별시

삼육보건대(100) 서울여자간호대(180) 서일대(95)

(2) 부산광역시

경남정보대(60) 대동대(190) 동의과학대(80) 동주대(70) 부산과학기술대(60) 부산여대(115)

(3) 인천광역시

경인여대(150) 인천재능대(50)

(4) 대구광역시

계명문화대(74) 대구과학대(230) 대구보건대(160) 수성대(100) ※영남외국어대(60) 영진전문대(80)

(5) 광주광역시

광주보건대(80) 기독간호대(111) 동강대(150) 서영대(145) 조선간호대(139)

(6) 대전광역시

대전과학기술대(200) 대전보건대(90)

(7) 울산광역시

울산과학대(80) 춘해보건대(220)

(8) 경기도

경민대(60) 경복대(250) 동남보건대(120) 두원공과대(120) 부천대(50) 서정대(64) 수원과학대(80) 수원여자대(150) 안산대(160) 여주대(80) 용인송담대(40)

(9) 강원도

강릉영동대(150) 송곡대(84) 송호대(50) 한림성심대(50)

(10) 충청남도

백석문화대(160) 신성대(110) 혜전대(110)

(11) 충청북도

강동대(110) 대원대(90) 충북보건과학대(60) 충청대(90)

(12) 전라남도

동아보건대(120) 목포과학대(120) 순천제일대(40) 전남과학대(140) 청암대(200) 한영대(40)

(13) 전라북도

군산간호대(223) 군장대(65) 원광보건대(140) 전북과학대(70) 전주비전대(70)

(14) 경상남도

거제대(65) 경남도립거창대(30) 김해대(90) 동원과학기술대(70) 마산대(210) 진주보건대 (250) 창원문성대(70)

(15) 경상북도

가톨릭상지대(130) 경북과학대(120) 경북보건대(200) 경북전문대(140) 구미대(150) 대경대(89) 문경대(120) 서라벌대(80) 선린대(200) 안동과학대(200) 영남이공대(145) 포항대(55) 호산대(130)

(16) 제주도

제주관광대(50) 제주한라대(200)

2) 3년제 간호과

광양보건대(160) 국제대(40)

PART 4
간호학과 입학전형

간호학은 누구나 배울 수 있습니다.
간호학과는 누구나 입학할 수도 있습니다.
그러나 간호사는 누구나 할 수 있는 직업이 아닙니다.
간호사는 나눔, 돌봄, 베품, 섬김을 실천하는
세상에서 가장 귀한 천직입니다.

※ 간호학과의 2019학년도 신입학전형계획(안)을 정리한 자료이며 추후 변경사항이 발생할 수 있다. 편집과정에서 혹시 오타가 있을 수 있으니 반드시 해당 대학의 입학안내 홈페이지에서 전형 관련 정보를 확인 바랍니다.

※ 간호학과는 대부분의 학생부교과전형과 일부 학생부종합전형도 수능최저학력기준을 적용하므로 반드시 해당 대학의 입학안내 홈페이지에서 2019학년도 전형 관련 정보를 확인 바랍니다.

※ 대학별로 수능최저학력기준 적용영역과 탐구영역 과목 수 반영이 다르므로 확정된 전형계획을 확인 바랍니다.

※ 본 자료에 소개된 수능최저학력기준에 한국사 영역의 등급 정보가 없는 경우에도 한국사 영역을 수능 필수 응시영역으로 지정한 대학이 대부분이므로 지원 시 확인 바랍니다.

주요대학 간호학과의 대학입시 전형은 수시전형과 정시전형으로 크게 나누어진다. 수시전형은 학생부교과전형, 학생부종합전형, 논술전형, 적성전형, 지역인재전형, 농어촌학생전형으로 나누어 살펴본다. 정시전형은 수능100% 전형과 수능+수능 이외의 전형요소(학생부, 면접 등)로 나누어 살펴본다. 또한 주요대학과 전문대학의 간호학과 입시전형을 알아보기로 한다.

I. 수시전형

2019학년도 수시전형의 일정과 특징을 10가지로 나누어 간략하게 알아본다.

○ 2019학년도 수시전형 일정

① 원서접수 2018.9.10.(월)~9.14(금) 중 3일 이상

② 전형기간 2018.9.10.(월)~12.12(수) 94일

③ 합격자 발표 2018.12.14(금) 까지

④ 합격자 등록 2018.12.17(월)~12.19(수) 3일간

⑤ 수능일 2018.11.15(목)

⑥ 수능 충원합격자 등록 2018.12.27(목)

○ 2019학년도 수시전형 특징

① 수시모집 인원 증가(259,673 → 265,862명/ 73.7 → 76.20%)

② 수시전형의 수능최저학력기준 완화 및 폐지

③ 수시전형의 학생부교과(140,935→144,340명), 학생부종합(83,231→84,764명) 전형의 확대

④ 학생부교과, 논술전형 수능최저학력기준 주로 적용

⑤ 논술전형 모집인원 감소(31개 대학 13,120명 모집 -1,741명 감소)

⑥ 적성전형 소폭 증가(12개교 4,885명 모집 323명 증가)

⑦ 고른기회 특별전형 모집인원 증가(정원 내 · 외 40,306명 모집 1,223명 증가)
⑧ 지역인재 특별전형 모집인원 증가(81개교 10,931명 811명 증가)
⑨ 수능 영어영역 절대 평가(9등급제)
⑩ 한국사 수능최저학력기준 반영(9등급제)

1. 학생부교과전형

학생부교과전형은 학생부교과 성적을 중심으로 평가하는 전형이다. 간호학과 학생부교과전형의 가장 중요한 요소는 교과 성적과 수능최저학력기준 적용 여부, 면접 실시 여부이다. 학생부교과 수능최저학력기준 적용 대학, 미적용 대학, 면접 실시 대학, 단계별전형(1단계 학생부+2단계 면접), 지역인재, 농어촌학생 선발 대학과 전형명을 알아본다.

1) 2019학년도 간호학과 학생부교과 수능최저학력기준 적용 대학

간호학과 학생부교과전형에서 **수능최저학력기준을 적용**하는 대학과 전형명은 다음과 같다.

KC대	일반전형
가천대	학생부우수자(인문/자연)
가톨릭관동대	교과일반/농어촌/기회균형
가톨릭대	학생부교과(인문/자연)
강원대(춘천)	교과우수자, 지역인재(인문/자연)
건국대(글로컬)	학생부교과
건양대	일반학생/지역인재
경남과기대	일반
경동대	자기추천제/일반/지역인재

경북대	일반학생
경성대	일반계고교교과
경운대	일반전형I/지역인재
경일대	일반/지역인재면접/농어촌학생/기회균형
계명대	교과/지역인재교과
고려대	학교추천I
고신대	일반고/특성화고
공주대	일반학생
광주대	일반학생
광주여자대	일반학생/지역인재
극동대	일반
나사렛대	일반학생/자기추천/농어촌학생/기초생활수급자
남부대	일반학생/농어촌학생/기초생활수급자
단국대(천안)	학생부교과우수자
대구가톨릭대	교과우수자/면접/지역인재/농어촌학생
대구대	학생부교과/지역인재
대구한의대	교과일반/교과면접/고른기회
대전대일	반전형/교과우수자
동국대(경주)	교과/면접/지역인재/농어촌학생
동명대	일반고교과
동신대	일반/지역인재/농어촌학생/기초수급자
동아대	교과성적우수자
동양대	학생부교과/지역인재
동의대	일반고교
목포가톨릭대	일반학생/농어촌학생
부경대	교과성적우수인재

부산대	일반(인문/자연)
삼육대	학생부교과우수자
상명대(천안)	일반/농어촌학생
상지대	일반/농어촌학생
세명대	학생부교과I/학생부교과II/지역인재/농어촌학생/기회균등
순천대	학생부성적우수자
순천향대	일반학생/지역인재
신경대	일반
안동대	일반학생/지역인재/사회통합
예수대	일반/기회균형
우석대	교과일반
우송대	일반I
울산대	학생부교과
위덕대	학생부100
을지대(대전)	교과성적우수자/농어촌학생/을지사랑드림
을지대(성남)	교과성적우수자
인하대	학생부교과
전남대	일반학생
전북대	일반학생/지역인재
전주대	일반학생
제주대	일반학생I/지역인재
조선대	일반
중앙대	학생부교과(인문/자연)
창원대	학업성적우수자/지역이재
청주대	일반전형/지역인재/창의면접
초당대	일반전형/일반계고교출신자

충남대	일반전형/지역인재
충북대	학생부교과/지역인재/국가보훈대상자
한국교통대	일반
한국성서대	일반학생
한려대	일반학생2
한림대	교과우수자/지역인재/농어촌학생
한일장신대	일반학생/교사 및 목회자추천자/농어촌학생/기초생활수급자 등
호남대	일반고/종합고/특성화고

2) 2019학년도 간호학과 학생부(교과) 100%(수능최저학력기준 미적용) 적용 대학

간호학과 학생부교과전형에서 **수능최저학력기준을 미적용**하는 대학과 전형명은 다음과 같다.

강릉원주대	학생부교과
강원대(삼척)	학생부교과/지역인재/국가보훈대상자/기타/특수교육대상자
경남대	일반학생
경성대	농어촌/저소득층학생
경일대	농어촌/기회균형
경주대	지역인재/교사추천자
광주대	지역학생/농어촌/기초생활수급자
군산대	일반전형/지역고교
남서울대	교과위주

대구가톨릭대	기회균형
대전대	고른기회I
동명대	일반고면접
동서대	교과성적/특성화고교/농어촌/고른기회
동양대	농어촌/사회적배려자
목포대	교과일반/고른기회/농어촌/기초차상위
배재대	일반/지역인재
백석대	일반/지역인재/특성화고교/농어촌학생/기초생활수급자
부산가톨릭대	교과성적우수자/농어촌학생/사회배려대상자
상지대	지역인재
선문대	일반학생/창의적지역학생 I/농어촌/특성화고교졸업자
성신여대	교과우수자(인문/자연)
세한대	농어촌학생/특성화고졸업자/기초, 차상위, 한부모
수원대	일반/농어촌학생
신경대	농어촌/특성화고교/기초생활
신라대	일반고(교과)/특성화고교
신한대	학생부우수자
아주대	학업우수자/학업우수자(교차)/농어촌
영산대(양산)	특성화고
우석대	기회균형/농어촌학생
울산대	농어촌학생
전주대	농어촌학생
중부대	학생부우수자/농어촌/국가보훈/기초생활우수자 등
중앙대	학교장추천
중원대	농어촌학생/특성화고교졸업자/기회균형선발
차의과학대	학생부우수자

충남대 기회균형

평택대 기회균형

한국교통대 사회기여 및 배려자/ 고른기회/농어촌/기회균형

한국국제대 일반고

한남대 일반/지역인재/교과우수자/농어촌/기초생활

한서대 학생부교과/사회기여자/농어촌/특성화고/기회균형

한세대 학생부우수자/농어촌학생

한양대 학생부교과(자연)

호서대 학생부/농어촌학생/기초생활수급자

3) 2019학년도 간호학과 학생부교과 면접 실시 대학(괄호 안은 캠퍼스)

간호학과 학생부교과전형에서 **면접 실시**하는 대학과 전형명은 다음과 같다.

KC대 일반학생

가야대 일반학생/인문계고출신자

가천대(글로벌) 가천바람개비

건국대(글로컬) 일반면접전형

경남대 한마인재(자기추천)

경동대(원주) 자기추천제/일반/지역인재

경운대 일반학생I/지역인재

경일대 면접/지역인재면접

경주대 일반전형

고려대 학교추천I

고신대 일반고/특성화고

광주대 일반학생

광주여자대	일반학생/농어촌학생/기초생활수급자
극동대	일반
김천대	일반교과/국가보훈대상자/일반면접
꽃동네대	일반/고른기회/수도자/기회균형/농어촌
나사렛대	일반학생/자기추천(나눔품성인재)
남부대	일반학생/농어촌학생/기초생활수급자 등
남서울대	섬기는 리더II
대구가톨릭대	면접/지역인재
대구대	학생부면접
대구한의대	교과면접
대전대	일반전형
대진대	학생부우수자
동국대(경주)	면접
동명대	일반고면접
동서대	일반계고교/교사추천자
백석대	백석인재
세한대	일반/세한인재
송원대	일반/성실인재
수원대	미래핵심인재
순천대	학생부성적우수자
신라대	일반고(면접)
신한대(제2캠퍼스)	일반/사회기여자/국가보훈대상자
영산대(양산)	면접/자기추천자
우송대	일반II/지역인재
울산대	학생부교과/면접
유원대	일반학생/농어촌학생/특성화고교/기초생활수급자

을지대(성남)	을지리더쉽
이화여대	고교추천(자연)
인제대	학생부교과/농어촌학생
인천가톨릭대	학교생활우수자/가톨릭지도자추천/수도자/농어촌학생/기회균형
전남대	국가보훈대상자
중부대	학교생활우수자/지역인재/진로개척자
중원대	일반전형II/지역인재
창신대	일반계고교/특성화고교/농어촌학생/기회균형/추천자전형
청주대	창의면접전형
초당대	일반전형/일반계고교출신자/지역인재/농어촌/특성화고교/기회균형
한국성서대	일반학생/농어촌학생/기초생활수급자 등
한려대	일반전형2/농어촌학생/특성화고교/기초생활수급자
한림대	지역인재/농어촌학생
한세대	일반
한일장신대	일반학생/교사 및 목회자추천자/농어촌학생/기초생활수급자 등
호남대	일반학생/기초/차상위 등
호서대	면접/지역학생
호원대	일반전형/농어촌/기초수급

4) 2019학년도 간호학과 단계별전형(1단계 학생부+2단계 면접) 실시 대학

간호학과 학생부교과전형에서 **단계별전형**(1단계 학생부+2단계 면접)을 실시하는 대학과 전형명은 다음과 같다.

KC대	일반학생(수능최저 적용)
가야대	일반학생/인문계고출신자(수능최저 미적용)
가천대	가천바람개비(수능최저 미적용)
경남대	일반학생/자기추천(수능최저 미적용)
고려대	학교추천I(수능최저 적용)
고신대	일반고/특성화고(수능최저 적용)
광주대	일반학생(수능최저 적용)
광주여자대	일반학생(수능최저 적용)/농어촌, 기초생활수급자(수능최저 미적용)
꽃동네대	일반/고른기회/수도자/기회균형/농어촌(수능최저 미적용)
남부대	일반학생/농어촌학생/기초생활수급자 등(수능최저 적용)
대구가톨릭대	면접전형(수능최저 미적용)/지역인재(수능최저 적용)
대구한의대	교과면접(수능최저 적용)
대전대	일반전형(수능최저 미적용)
동서대	일반계고교(수능최저 미적용)
영산대(양산)	자기추천자(수능최저 미적용)
울산대	학생부교과/면접(수능최저 미적용)
유원대	일반학생(수능최저 미적용)
을지대(성남)	을지리더쉽(수능최저 미적용)
인제대	학생부교과/농어촌학생(수능최저 미적용)
인천가톨릭대	학교생활우수자(수능최저 미적용)
전남대	국가보훈대상자(수능최저 미적용)
호남대	일반학생/기초수급자/차상위 등(수능최저 미적용)
호서대	면접/지역인재(수능최저 미적용)

5) 2019학년도 간호학과 학생부교과 지역인재 전형 선발 대학

간호학과 학생부교과전형에서 **지역 인재**를 선발하는 대학과 전형명은 다음과 같다.

○ **강원도**

강원대(춘천/삼척) 경동대(원주) 상지대 한림대

○ **충청남북도, 대전, 세종**

건양대 배재대 백석대 선문대 세명대 순천향대 우송대 중부대 중원대 청운대 청주대 충남대 충북대 한남대 호서대

○ **경상남북도, 부산, 대구, 울산**

경운대 경일대 경주대 계명대 대구가톨릭대 대구대 동국대(경주) 동양대 안동대 창원대

○ **전라남북도 광주**

광주대 광주여자대 군산대 동신대 전북대 초당대

○ **제주**

제주대

6) 2019학년도 간호학과 학생부교과 농어촌학생 전형 선발 대학

간호학과 학생부교과전형에서 **농어촌학생 선발**하는 대학과 전형명은 다음과 같다.

○ 서울 한국성서대

○ 인천 인천가톨릭대

○ 경기	수원대 신경대 아주대 한세대
○ 강원	가톨릭관동대 상지대 한림대
○ 대전/충남	나사렛대 백석대 상명대(천안) 선문대 을지대(대전) 한남대 한서대 호서대
○ 세종/충북	꽃동네대 세명대 유원대 중부대 중원대 한국교통대
○ 광주/전남	광주대 광주여자대 남부대 동신대 목포가톨릭대 목포대 세한대 초당대 한려대 호원대
○ 전북	우석대 전주대 한일장신대
○ 부산/울산/경남	경성대 동서대 부산가톨릭대 울산대 인제대 창신대
○ 대구/경북	경일대 대구가톨릭대 동국대(경주) 동양대

〈표 15〉 2019학년도 간호학과 학생부교과전형 총괄표

대학명	전형명	전형방법	수능최저학력기준	비고
KC대	일반학생	학생부80+면접20	국어/수학/탐구 영역 중 2개 영역의 합이 7등급 이내	탐구1과목
가야대	일반학생	1단계 학생부100 2단계 학생부90+면접10	미적용	-
	인문계고출신자			
가천대	학생부우수자 (인문/자연)	학생부100	국/수 ㉮ ㉯/영/탐(사/과) 2개 등급 합 6이내	탐구1과목
	가천바람개비 (면접)	1단계 교과100 2단계 1단계60+면접40	미적용	-
가톨릭 관동대	교과일반 농어촌 기회균형	교과 100	국어, 영어, 수학(가/나), 탐구(사/과) 중 상위 3개 영역 등급의 합이 12이내	탐구2과목 평균
가톨릭 대	학생부교과 (인문/자연)	교과 100	국어, 수학(나형), 영어,탐구(1과목) 중 2개 영역 각 2등급 이내	인문 사탐 자연 과탐
강릉 원주대	학생부교과	교과 100	미적용	-
강원대 (춘천)	교과우수자 지역인재	학생부 100	인문:국어, 수학 가/나, 영어, 사탐 자연:국어, 수학 가/나, 영어, 과탐	탐구2과목
강원대 (삼척)	교과우수자 지역인재/국가보훈 사회배려자	학생부 100	미적용	-
건국대 (글로컬)	일반면접전형	교과80+면접20	미적용	-
	학생부교과전형	교과 100	우수 2개 영역 등급의 합이 6이내인 자 (단, 한국사영역 응시 필수)	탐구1과목
건양대	일반학생전형 지역인재전형	교과 100	국어, 수학, 영어, 탐구 중 3개 영역 합 12등급 [직탐제외]	탐구2과목
경남 과기대	일반	학생부 100	국어, 수학, 영어, 탐구 중 2개 영역이 각 3등급 이내	탐구2과목
경남대	일반학생	교과90+출결10	미적용	-
	한마인재 (자기추천)	1단계 교과90+ 출결10 2단계 1단계60+면접40		

〈학생부교과전형〉

대학명	전형명	전형방법	수능최저학력기준	비고
경동대(원주)	자기추천제	학생부30+ 면접30+기타40	국어,수학 2개 과목과 탐구영역 중 1개 과목의 등급 합이 15이내	탐구1과목
	일반	학생부70+면접30		
	지역인재	학생부70+면접30		
경북대	일반학생	교과90+비교과10	3개 영역 등급 합이 8 이내 한국사 4등급 이내	탐구1과목
경성대	일반계고 교과전형	교과 100	4영역 중 2개 영역 합 8 이내	탐구1과목 (사/과)
	농어촌 저소득층	교과 100	미적용	-
경운대	일반전형 1	학생부90+면접10	4개 영역 중 2개 영역 합 9이내	탐구1과목
	지역인재	학생부70+면접30	4개 영역 중 2개 영역 합 10이내	탐구1과목
경일대	일반	학생부 100	4개 영역(수학(가/나) 중 2개 영역 합이 8이내	탐구1과목 (사과직)
	면접 지역인재면접	학생부 70+면접 30		
	농어촌 기회균형	학생부100	미적용	-
경주대	일반전형	학생부64.8+ 면접35.2	미적용	-
	지역인재 교사추천자	학생부 100	미적용	-
계명대	교과/ 지역인재교과	학생부100	3개 영역 합 12이내	탐구1과목
고려대	학교추천 I	1단계 학생부100 2단계 면접100	(인문) 3개 영역 등급의 합이 6 이내 및 한국사 3등급 이내 (자연) 3개 영역 등급의 합이 7 이내 및 한국사 4등급 이내	탐구2과목
고신대	일반고 특성화고	1단계 학생부100 2단계 1단계 90+면접 10	2개 영역 합 7등급	탐구2과목
공주대	일반학생	학생부100	3개 영역 합 11등급	탐구2과목

〈학생부교과전형〉

대학명	전형명	전형방법	수능최저학력기준	비고
광주대	일반학생	1단계 학생부100 2단계 1단계80+면접20	국, 영, 수학 중 2개 영역 합 11등급 이내	-
	지역학생 농어촌 기초생활수급자	학생부100	미적용	-
광주 여자대	일반학생	1단계 학생부100 2단계 학생부75.8+면접 24.2	국, 수, 영 중 3개 영역 2개 영역 합 10	교차 지원가능
	지역인재	학생부100		
	농어촌 기초생활	1단계 학생부100 2단계 학생부75.8+면접 24.2	미적용	
군산대	일반전형 지역고교	학생부100	미적용	-
극동대	일반	학생부60+면접40	국, 영, 수학 중 최소 1과목 4등급 이내	-
김천대	일반교과 국가보훈대상자	교과90+면접10	미적용	교차 지원가능
	일반면접	교과60+출석10 +면접30		
꽃동네대	일반, 고른기회, 수도자, 기회균형, 농어촌	1단계 교과50+서류평가 50 2단계 1단계30+면접70	미적용	-
나사렛대	일반학생	학생부84.8+ 면접15.2	3개 영역 합이 11등급 이내	탐구2과목
	자기추천 (나눔품성인재)	학생부71.3+ 면접28.7		
	농어촌학생 기초생활수급자	학생부100	2개 영역 합이 9등급 이내	
남부대	일반학생	1단계 학생부100 2단계 1단계70+면접30	국어, 영어, 수학 영역 중 2개 합산 11등급 이내	-
	농어촌학생 기초생활수급자 등	1단계 학생부100 2단계 1단계70+면접30	국어, 영어, 수학 영역 중 2개 합산 12등급 이내	-

〈학생부교과전형〉

대학명	전형명	전형방법	수능최저학력기준	비고
남서울대	교과위주	학생부90 + 봉사10	미적용	-
	섬기는 리더 II	학생부70 + 면접30		-
단국대 (천안)	학생부 교과우수자	교과100	국어, 수학(가/나), 영어 중 2개 영역 합 5등급 이내	-
대구 가톨릭대	교과우수자	학생부100	2개 영역 등급합 7 이내 및 한국사 5등급 이내	탐구1과목
	면접	1단계 학생부100 2단계 1단계 70 + 면접30	미적용	-
	지역인재	1단계 학생부100 2단계 1단계 70 + 면접30	2개 영역 등급합 7 이내 및 한국사 5등급 이내	탐구1과목
	농어촌	교과100	2개 영역 등급합 8 이내 및 한국사 5등급 이내	탐구1과목
	기회균형	교과100	미적용	-
대구대	학생부면접	학생부70 + 면접30	미적용	-
	학생부교과	학생부100	5개 영역 (국, 영, 수, 탐구, 한국사)중 상위 2개 영역 등급 합 8이내	탐구, 한국사는 상위 1개 과목만 반영
	지역인재	학생부100		
대구한의대	교과일반	교과100	3개 영역 등급 합 9 이내 *수학(가)형 1등급 상향 반영	탐구1과목
	교과면접	1단계 교과80 + 출결20 2단계 1단계60 + 면접40	3개 영역 등급 합 10 이내 *수학(가)형 1등급 상향 반영	
	고른기회	교과100		
대전대	일반전형	1단계 학생부100 2단계 1단계70 + 면접30	3개 영역 합 14등급 이내	-
	교과우수자	학생부100		-
	고른기회 I		미적용	-
대진대	학생부우수자	학생부60 + 면접40	미적용	-
동국대 (경주)	교과	학생부100	국어, 수학, 영어, 탐구영역 중 2개 영역의 등급 합 6이내 수학(가) 7 이내	탐구1과목
	면접	학생부70 + 면접30		
	지역인재 농어촌	학생부100		

〈학생부교과전형〉

대학명	전형명	전형방법	수능최저학력기준	비고
동명대	일반고면접	학생부90＋면접10	미적용	-
	일반고교과	학생부100	4개 영역 중에서 2개 영역 합이 9등급 수학(가)일 경우 10등급 이내	탐구1과목
동서대	일반계고교	1단계 학생부100 2단계 1단계90＋면접10	미적용	-
	교사추천자	학생부70＋면접30		
	교과성적 특성화고교	학생부100		
	농어촌 고른기회	학생부100		
동신대	일반	교과80＋출결20	국, 수, 영 중 2개 영역 등급의 합이 8등급 이내 수학(가) 9등급	-
	지역인재			
	농어촌 기초수급자		국, 수, 영 중 2개 영역 등급의 합이 9등급 이내 수학(가) 10등급	
동아대	교과성적 우수자	교과100	4개 영역 중 2개 영역 등급의 합이 7이내 / 수학(나)형은 2개 영역의 합이 6 이내	탐구1과목
동양대	학생부교과	교과90＋출결10	2개 영역의 합이 9등급 이내	탐구1과목
	지역인재			
	농어촌 사회적배려자		미적용	-
동의대	일반고교	학생부교과100	2개 영역 등급 합이 7 이내	탐구2과목
목포 가톨릭대	일반학생	교과90＋출결10	국, 영, 수 중 2개 영역의 합이 10등급 이내 (수학(나)형 선택 시 9등급 이내)	-
	농어촌학생		국, 영, 수 중 2개 영역의 합이 11등급 이내 (수학(나)형 선택 시 10등급 이내)	-
목포대	교과일반 고른기회 농어촌 기초차상위	교과90＋출결10	미적용	-
배재대	일반 지역인재	교과100	미적용	-

〈학생부교과전형〉

대학명	전형명	전형방법	수능최저학력기준	비고
백석대	일반 지역인재 특성화고교 농어촌학생 기초생활수급자	학생부100	미적용	-
	백석인재	학생부60+면접40	미적용	-
부경대	교과성적 우수인재	교과90+출결10	3개 영역 합 11등급 이내 수학 '나' 형은 1등급 하향	탐구1과목
부산 가톨릭대	교과성적우수자 농어촌학생 사회배려대상자	교과100	미적용	-
부산대	(인문)일반	교과100	3개 영역 등급 합 6등급 이내	탐구2과목
	(자연)일반		수학(가)를 포함한 2개 영역 등급합 5등급 이내	
삼육대	학생부 교과우수자	교과100	2개 영역 합 6등급 이내	탐구2과목
상명대 (천안)	일반/농어촌	교과100	수학(가/나형), 영어, 탐구 중 2개 영역에서 각 3등급 이내인 자	탐구1과목
상지대	일반 농어촌학생	교과100	수능 3개 영역(국어, 수학, 탐구) 중 2개 영역의 합이 8등급 이내	탐구2과목
	지역인재		미적용	-
선문대	일반학생	교과100	미적용	-
	창의적 지역학생 I			-
	농어촌 특성화고교졸업 자			-
성신여대	교과우수자 (인문/자연)	학생부100	미적용	-
세명대	학생부교과 I	교과100	국, 수, 영 중 2개 영역 각 4등급 이내	한국사 미 반영
	학생부교과 II			
	지역인재		국, 수, 영, 한국사 중 2개 영역 각 4등급 이내	-
	농어촌 기회균등			

〈학생부교과전형〉

대학명	전형명	전형방법	수능최저학력기준	비고
세한대	일반 세한인재	학생부80＋면접20	미적용	-
	농어촌학생 특성화고졸업자 기초,차상위,한부모	학생부100		
송원대	일반 성실인재	학생부70＋면접30	미적용	-
수원대	일반 농어촌	학생부100	미적용	-
	미래핵심인재	학생부70＋면접30		
순천대	학생부 성적우수자	교과80＋면접20	국어, 수학, 영어, 탐구 중 2개 평균 4등급 이내	-
순천향대	일반학생	학생부100	3개 과목 등급 합 10 이내	탐구2과목
	지역인재		3개 과목 등급 합 10 이내	탐구1과목
신경대	일반	학생부100	국, 수(가/나), 영어 영역 중 2개 영역 등급 각 5등급 이내	면접 합불 판정
	농어촌 특성화고교 기초생활		미적용	
신라대	일반고(면접)	교과80＋면접20	미적용	-
	일반고(교과) 특성화고교	교과100		
신한대	일반/사회기여자 국가보훈대상자	학생부70＋면접30	미적용	-
	학생부우수자	학생부100		
아주대	학업우수자 학업우수자 (교차)/농어촌	교과80＋비교과20	미적용	-
안동대	일반학생 지역인재 사회통합	학생부100	2개 과목 등급의 합 8등급 이내 ※ 사회통합전형 미적용	탐구1과목
영산대 (양산)	면접	학생부80＋면접20	미적용	-
	특성화고	학생부100		
	자기추천자	학생부(교과)40% +학생부(비교과) 10%+면접20%+자기 소개서30%		

〈학생부교과전형〉

대학명	전형명	전형방법	수능최저학력기준	비고
예수대	일반	교과90＋출결10	국어, 수학, 영어 3과목 합이 13등급 이내	수학(가)선택 14등급 포함
	기회균형		국어, 수학, 영어 3과목 합이 14등급 이내	수학(가)선택 15등급 포함
우석대	교과일반	교과100	국어, 수학(가/나), 탐구 중 2개 영역 합 9 이내 또는 1개 영역 3등급 이내 (수리 가형 응시자 1등급 상향)	탐구1과목
	기회균형 농어촌학생		미적용	-
우송대	일반I	학생부100	3개 영역 합 13등급 이내	탐구1과목
	일반 II 지역인재	학생부80＋면접20	미적용	-
울산대	학생부교과	학생부100	국, 수(가/나), 영, 사/과 중 2개 영역 합 7	탐구1과목
	농어촌학생		미적용	-
	학생부교과 면접	1단계 학생부100 2단계 1단계50＋면접50		
위덕대	학생부100	교과80＋출결20	2개 영역 합 9등급 이내	탐구1과목
유원대	일반학생	1단계 학생부100 2단계 1단계80＋면접20	미적용	-
	농어촌 특성화고교 기초생활수급자	학생부80＋면접20		
을지대 (대전)	교과성적우수자 농어촌학생 을지사랑드림	학생부100	국어, 수학, 탐구(2과목 평균) 중 2개 영역 등급 합이 6이내	영어 3등급이내
을지대 (성남)	교과성적우수자			
	을지리더쉽	1단계 학생부100 2단계 1단계70＋면접30	미적용	-
	사회기회 및 배려대상자 을지사랑드림	학생부60＋ 적성고사40		
이화여대	고교추천(자연)	학생부80＋면접20	미적용	-

〈학생부교과전형〉

대학명	전형명	전형방법	수능최저학력기준	비고
인제대	학생부교과 농어촌학생	1단계 교과80＋서류20 2단계 1단계80＋면접20	미적용	-
인천 가톨릭대	학교생활우수자	1단계 교과100 2단계 1단계80＋면접20	미적용	-
	가톨릭지도자추천수도자 농어촌학생 기회균형	교과60＋면접40		
인하대	학생부교과 (인문/자연)	학생부교과100	(인문)3개 영역 합 7등급 이내 (자연)2개 영역 이상 2등급 이내	탐구1과목
전남대	일반전형	학생부80＋ 교과서류20	3개 영역의 합 9등급 이내	탐구1과목
	국가보훈대상자	1단계 학생부100 2단계 1단계80＋면접20	미적용	-
전북대	일반학생 지역인재	학생부100	3개 영역의 등급 합이 9등급 이내	탐구2과목
전주대	일반학생	학생부100	국어, 수학, 영어 중 2개 영역 등급의 합이 9등급 이내 또는 1개 영역이 3등급 이내 (수학 '가' 형 응시자는 1등급 상향)	-
	농어촌학생		미적용	
제주대	일반학생 Ⅰ 지역인재	교과100	3개 영역 합 9등급 이내	탐구2과목
조선대	일반	교과80＋출결20	2개 영역 등급 합 5등급 이내	탐구2과목
중부대	학교생활우수자	교과70＋면접30	미적용	-
	학생부우수자	교과100		
	지역인재 진로개척자	학생부교과(40%)+ 학생부비교과(30%)+ 면접(30%)		
	농어촌 국가보훈 기초생활우수자 등	교과100		

〈학생부교과전형〉

대학명	전형명	전형방법	수능최저학력기준	비고
중앙대	학생부교과	교과70+비교과30	(인문)3개 영역 등급 합 5이내 (자연)3개 영역 등급 합 5이내	탐구1과목
	학교장추천	교과60+서류40	미적용	-
중원대	일반전형 Ⅱ 지역인재	학생부50+면접50	미적용	-
	농어촌학생 특성화고교졸업자 기회균형선발	학생부100		
차 의과학대	학생부우수자	교과90+비교과10	미적용	-
창신대	일반계고교 특성화고교 농어촌학생 기회균형	학생부90+면접10	미적용	-
	추천자전형	학생부70+면접30		
창원대	학업성적우수 지역인재	교과90+출결10	2개 영역 합이 6등급 이내	탐구2과목
청운대	학생부 지역인재	학생부100	3개 영역 등급 합 13 이내	탐구1과목
청주대	일반전형 지역인재	교과100	5개 영역[국어, 수학, 영어, 탐구(직탐제외), 제2외국어] 중 상위 2개 등급 합이 7등급 이내	탐구1과목
	창의면접전형	교과70+면접30		
초당대	일반전형 일반계고교출신자	학생부66.7+ 면접33.3	국, 영, 수학 중 2개 영역 합이 9등급 이내 ※ 수학가형 선택시 10등급 이내	-
	지역인재	학생부60+면접40	미적용	-
	농어촌 특성화고교 기회균형	학생부60+면접40		
충남대	일반전형	교과100	국어, 수학, 영어, 탐구, 한국사를 반드시 응시하고 수학 가형 4등급 이내, 영어 4등급 이내(수학 나형 2등급 이내)	탐구2과목
	지역인재			
	기회균형		미적용	-

〈학생부교과전형〉

대학명	전형명	전형방법	수능최저학력기준	비고
충북대	학생부교과 지역인재	교과100	3개 영역 합 10등급	탐구2과목
	국가보훈대상자		3개 영역 합 10등급	
평택대	기회균형	학생부100	미적용	-
한국 교통대	일반	교과100	3개 영역 등급 합 12 이내	탐구1과목
	사회기여및배려자 고른기회 농어촌 기회균형		미적용	-
한국 국제대	일반고	학생부100		
한국 성서대	일반학생	학생부70+면접30	2개 영역 평균 3등급이내.	탐구1과목
	농어촌학생 기초생활수급자 등		미적용	-
한남대	일반 지역인재 교과우수자 농어촌 기초생활	교과100	미적용	-
한려대	일반전형2	학생부80+면접20	국, 수, 영어 영역 중 1개 5등급 이내	-
	농어촌학생 특성화고 기초생활수급자		미적용	
한림대	교과우수자	교과100	3개 영역 합 10등급 이내 수학(가)형 포함하여 반영할 경우 12등급 이내,	탐구2과목
	지역인재 농어촌학생	교과85+면접15		
한서대	학생부교과 사회기여자 농어촌 특성화고 기회균형	학생부100	미적용	-
한세대	일반	학생부60+면접40	미적용	-
	학생부우수자 농어촌학생	학생부100		
한양대	학생부교과(자연)	교과100	미적용	-

〈학생부교과전형〉

대학명	전형명	전형방법	수능최저학력기준	비고
한일 장신대	일반학생 교사및목회자추천 농어촌 기초생활수급자 등	학생부57.14+ 면접42.86	국, 수, 영어 중 2개 영역 합 10등급 이내(1개 영역 3등급 이내)	수학(가)형 1등급 상향
호남대	일반고	학생부100	2영역 평균 4등급	탐구1과목
	종합고 특성화고	학생부100	2영역 평균 4등급	
	일반학생 기초•차상위 등	1단계 학생부100 2단계 1단계70+면접30	미적용	-
호서대	학생부 농어촌학생 기초생활수급자	학생부100	미적용	-
	면접/지역학생	1단계 학생부100 2단계 학생부60+면접40		
호원대	일반전형 농어촌 기초수급	학생부70+면접30	미적용	-
	검정고시	검정고시 평균성적		

2. 학생부종합전형

학생부종합전형은 입학사정관 등이 참여하여 학교생활기록부를 중심으로 교과, 비교과 및 자기소개서, 교사추천서, 면접 등을 통해 학생을 종합 평가하는 전형이다. 간호학과 학생부종합전형의 가장 중요한 요소는 학생부, 서류(자기소개서, 교사추천서 등), 면접 실시 여부이다. 학생부종합전형의 수능최저학력기준 적용 대학, 단계별 전형 대학, 지역인재, 농어촌학생 선발 대학과 전형명칭을 알아본다.

1) 2019학년도 간호학과 학생부종합 수능최저학력기준 적용 대학

간호학과 학생부종합전형에서 **수능최저학력 기준**을 실시하는 대학과 전형명은 다음과 같다.

가톨릭관동대	CKU리더/강원인재/고른기회
경운대	학생부종합전형
고려대	일반전형/학교추천II/기회균형특별전형
극동대	대학특성화인재
대구한의대	지역인재/기린인재
부산대	학생부종합I(자연계열)
서울대	지역균형선발
세명대	학생부종합/사회배려/봉사전형
연세대	활동우수형/기회균형
연세대(원주)	학교생활우수자/강원인재/기회균형
원광대	학생부종합/지역인재
이화인재	미래인재/고른기회/사회기여자(자연계열)
전북대	큰사랑

충남대	종합 I PRISM
충북대	학생부종합 II/농어촌/특성화고

2) 2019학년도 간호학과 학생부종합 일괄합산 전형 실시 대학

대부분의 2019학년도 간호학과 학생부종합전형은 단계별 전형을 실시하고 있으나 일부 대학 간호학과는 전형을 **일괄합산**하여 실시하고 있다. 다음은 2019학년도 간호학과 학생부종합 일괄합산 전형이며 이외의 대학은 단계별 전형을 실시하고 있다. 또한 단계별 전형의 2단계는 일괄합산 실시 대학을 제외하고 대부분의 대학 간호학과가 면접을 실시하고 합격, 불합격에 많은 비중을 차지한다. 따라서 2단계 면접에 철저한 준비가 필요하다.

가톨릭관동대	강원인재/고른기회(수능최저 적용) 교과50+비교과50
강원대(삼척)	농어촌/기초차상위 서류평가100
경상대	지역인재/기초생활/농어촌 서류평가100
경일대	학생부종합전형 학생부종합평가70+면접30
경희대	고교연계 서류평가50+교과50
김천대	지역인재 비교과80+면접20
나사렛대	장애학생 학생부9.4+면접90.6
대구대	농어촌학생 학생부종합평가100
대구한의대	지역인재(수능최저 적용) 학생부종합평가100
대전대	지역인재/농어촌 학생부20+서류평가80
대진대	농어촌/기초생활수급자 등 서류100
동의대	학교생활우수자/지역인재 II 서류100
목포가톨릭대	고른기회/기초생활수급자 등 학생부100
부경대	사회배려자 I 학생부/서류100

부산대	학생부종합 I(자연계열)(수능최저 적용)/ 사회적배려대상자/고른기회 서류평가100
상지대	학생부종합 교과30+비교과60+출결10
서울대	지역균형선발 서류평가/면접 (수능최저 적용)
세명대	사회배려/봉사전형 서류평가100
신라대	담임교사추천자 학생부60+면접40/ 자기추천자 교과30 +비교과/서류70
신한대	크리스천인재/신한국인학생부종합평가(교과/비교과)100
아주대	고른기회 I/고른기회I II 서류100
이화여대	미래인재/고른기회/사회기여자(자연계열))(수능최저 적용)
인하대	학교장추천/농어촌고른기회(자연) 서류종합평가100
전주대	기회균형선발 기타100
조선대	기초생활 서류평가100
한서대	HSU스마트인재 학생부40+서류60/ 면접고사(일반) 학생부40+면접60
한양대	일반/고른기회(자연계열) 학생부종합평가100

3) 2019학년도 간호학과 학생부종합 지역인재 전형 실시 대학

간호학과 학생부종합전형에서 **지역 인재**를 선발하는 대학과 전형명은 다음과 같다.

○ **강원도**

가톨릭관동대 강릉원주대 연세대(원주)

○ **충청권**

건양대 공주대 대전대 선문대 순천향대 한남대 한서대

○ **전라권**

목포대 순천대 원광대 전남대

○ **경상권**

경상대 계명대 김천대 대구한의대 동의대 부산가톨릭대

4) 2019학년도 간호학과 학생부종합 농어촌학생 선발 대학

간호학과 학생부종합전형에서 농어촌학생을 선발하는 주요 대학은 다음과 같다.

가천대 강원대(삼척) 경상대 계명대 대구대 대전대 대진대 서울대 순천향대 원광대 인하대 제주대 중앙대 차의과학대 충남대 충북대

〈표 16〉 2019학년도 간호학과 학생부종합전형 총괄표

대학명	전형명	전형방법		수능최저학력기준	비고
		1단계	2단계		
가천대	가천프론티어 농어촌	서류 100	1단계 성적＋면접50	미적용	-
가톨릭 관동대	CKU리더	1단계: 서류100	2단계: 서류70＋면접 30	국어,영어,수학(가/나), 탐구(사/과) 중 상위 3개 영역 등급의 합이 13이내	탐구영역 2개 과목 평균등급
	강원인재 고른기회	교과 50+비교과 50			
강릉 원주대	해람인재 지역인재 사회적배려	학생부100	면접20＋ 1단계 성적80	미적용	-
강원대 (춘천)	미래인재	서류평가100	1단계 성적70＋면접30	미적용	-
강원대 (삼척)	미래인재	서류평가100	1단계 성적 70+면접 30	미적용	-
	농어촌 기초·차상위	서류평가100		미적용	-
건국대 (글로컬)	KU자기추천 KU고른기회전형	서류평가100	1단계 70 ＋면접 30	미적용	-
건양대	건양사람인 지역인재전형	학생부종합 100	1단계 60 ＋면접 40	미적용	-
경북대	일반학생	서류평가100	1단계70＋ 면접 30	미적용	-
경상대	개척인재	서류평가100	1단계 50＋ 심층면접 50	미적용	-
	지역인재	서류평가100		미적용	-
	기초생활 농어촌				
경성대	학교생활우수자	학생부100	1단계 70＋ 면접 30	미적용	-
경운대	학생부종합전형	학생부30＋ 서류70	1단계50＋ 면접50	4개 영역 중 2개 영역 합 10이내	탐구1과목
경일대	학생부종합전형	학생부종합평가70＋면접30		미적용	-
경희대	네오르네상스	서류평가100 1단계70＋면접30		미적용	-
	고른기회 I, II			미적용	-
	고교연계	서류평가50＋교과50		미적용	-
계명대	잠재능력우수자 지역인재 고른기회 농어촌	서류100 (4배수)	1단계80＋면접 20	미적용	-

〈학생부종합전형〉

대학명	전형명	전형방법		수능최저학력기준	비고
		1단계 (선발비율)	2단계		
고려대	일반전형	서류100	1단계70＋면접30	(인문) 4개 영역 등급의 합이 6 이내 및 한국사 3등급 이내 (자연) 4개 영역 등급의 합이 7 이내 및 한국사 4등급 이내	탐구1과목
	학교추천 Ⅱ		1단계50＋면접50	(인문) 4개 영역 등급의 합이 5 이내 및 한국사 3등급 이내 (자연) 4개 영역 등급의 합이 6 이내 및 한국사 4등급 이내	탐구2과목 평균등급
	기회균등 특별전형				
공주대	잠재력우수자 지역인재 고른기회 특성화고 졸업자	서류100 (3배수)	서류70＋면접30	미적용	-
군산대	새만금인재 국가보훈대상자	서류100	1단계70＋면접30	미적용	-
극동대	대학특성화인재	서류100	1단계40＋ 면접60	국, 영, 수학 중 1개 과목 4등급 이내	-
김천대	지역인재	비교과80＋면접20		미적용	-
나사렛대	장애학생	학생부9.4＋면접90.6		미적용	-
남서울대	섬기는 리더 I	서류100	1단계40＋ 인성면접60	미적용	-
대구 가톨릭대	DCU인재전형 가톨릭 지도자추천	학생부100	1단계70＋면접30	미적용	-
대구대	학생부종합	서류평가100	1단계70＋면접30	미적용	-
	고른기회	서류평가100	1단계70＋면접30	미적용	-
	농어촌학생	학생부종합평가100		미적용	-
대구 한의대	지역인재	학생부종합평가100		3개 영역 등급 합 10이내 * 수학(가)형 1등급 상향 반영	팀구1과목
	기린인재	서류종합 평가100	1단계80＋ 면접20		
대전대	혜화인재	학생부20 ＋서류80	학생부14＋서류56＋면접30	미적용	-
	지역인재	학생부20＋서류평가80			-
	농어촌				-

〈학생부종합전형〉

대학명	전형명	전형방법 1단계(선발비율)	전형방법 2단계	수능최저학력기준	비고
대진대	윈윈대진	서류평가 100	1단계60+ 면접40	미적용	-
대진대	농어촌/기초 생활수급자 등	서류100		미적용	-
동국대 (경주)	참사랑	서류100	면접30+ 1단계70	미적용	-
	불교추천 고른기회 I, II	서류100	면접30+ 1단계70	미적용	-
동의대	학교생활우수자 지역인재 II	서류100		미적용	-
목포 가톨릭대	고른기회 기초생활 수급자 등	학생부100		미적용	-
목포대	종합인재 지역인재	서류100	1단계80+ 면접20	마적용	-
배재대	배양인재	서류100	1단계60+ 면접40	미적용	개별인재
백석대	창의인재 사회기여자 등	학생부/ 자기소개서 100	1단계40+ 면접60	미적용	-
부경대	학교생활 우수인재	학생부100	1단계80+ 면접20	미적용	자기소개서
	사회배려자 I	학생부/서류100		미적용	
부산 가톨릭대	고교생활우수자 자기추천 지역인재 성직자추천 고른기회대상자	서류100	1단계70+ 면접30	미적용	-
부산대	학생부종합 I (자연)	서류평가100		수학(가)를 포함한 2개 영역 등급합 5등급 이내	탐구2과목
	사회적배려대상 자고른기회			미적용	-
삼육대	학교생활우수자 MVP전형	서류100	1단계60+ 면접40	미적용	-
상명대 (천안)	일반 고른기회	서류100	1단계60+ 면접40	미적용	-
상지대	학생부종합	교과30+비교과60+출결10		미적용	-

〈학생부종합전형〉

대학명	전형명	전형방법		수능최저학력기준	비고
		1단계(선발비율)	2단계		
서울대	지역균형선발	서류평가/면접		4개 영역(국어, 수학, 영어, 탐구) 중 3개 영역 이상 2등급 이내	탐구2과목 수능응시 기준 확인
서울대	일반	서류평가100	1단계100+ 면접 및 구술고사100	미적용	-
서울대	기회균형선발 I (저소득 농어촌학생)	서류평가	서류평가/면접	미적용	-
선문대	미래글로컬인재	서류100	1단계60+ 면접40	미적용	-
선문대	창의적 지역인재 II	서류100	1단계60+ 면접40	미적용	-
선문대	기초생활수급자 등	서류100	1단계60+ 면접40	미적용	-
성신여대	학교생활우수자	서류평가100	1단계60+ 면접평가40	미적용	-
세명대	사회배려/봉사	서류평가100		국, 수, 영, 한국사 중 2개 영역 각 4등급 이내	탐구 미반영
세명대	학생부종합	서류평가100	1단계60+ 면접40	국, 수, 영, 한국사 중 2개 영역 각 4등급 이내	탐구 미반영
순천대	SCNU디딤돌 지역인재	교과80+ 출결20	1단계80+ 면접20	미적용	-
순천대	SCNU창의인재	교과80+ 출결20	1단계80+ 면접20	미적용	-
순천향대	일반학생	서류평가100	1단계70+ 면접30	미적용	-
순천향대	지역인재	서류평가100	1단계70+ 면접30	미적용	-
순천향대	기초차상위 농어촌학생	서류평가100	1단계70+ 면접30	미적용	-
신라대	담임교사추천자	학생부60+면접40		미적용	-
신라대	자기추천자	교과30+비교과/서류70		미적용	-
신한대	크리스천인재 신한국인	학생부종합평가(교과/비교과)100		미적용	-
아주대	ACE	서류100	1단계70+ 면접30	미적용	-
아주대	고른기회 I, II	서류100		미적용	-
안동대	ANU미래인재	서류평가100	1단계50+ 면접50	미적용	-

〈학생부종합전형〉

대학명	전형명	전형방법 1단계 (선발비율)	전형방법 2단계	수능최저학력기준	비고
연세대	면접형	교과50+ 비교과50	서류평가40+ 면접60	미적용	-
	활동우수형	서류100	1단계70+ 면접30	국어 수학(가), 과학탐구1, 과학탐구2 중 2과목의 등급 합이 4 이내	공통필수기준 영어 2등급 한국사 4등급
	기회균형			국어,수학(가),과학탐구1, 과학탐구2 중2과목의 등급 합이 5 이내	
연세대 (원주)	면접형	교과55+비교과25+출결20	1단계70+ 면접30	미적용	-
	학교생활우수자 강원인재 기회균형	서류100	1단계90+ 면접10	(인문) 국어, 수학(가/나), 탐구(사/과) 중 1개 2등급 2개 7등급 이내 (자연) 국어, 수학(가/나), 탐구(사/과) 중 1개 2등급 2개 7등급 이내	탐구1과목 한국사 필수 영어 1등급은 2개 합산시 1개 3등급 인정
	고른기회	서류100	1단계70+ 면접30	미적용	-
우석대	종합일반	학생부종합평가 100	1단계70+ 면접30	미적용	-
우송대	잠재능력우수자 글로벌인재 고른기회 기초생활	서류100	1단계50+ 면접50	미적용	-
울산대	학생부종합 고른기회	서류100	면접100	마적용	-
원광대	학생부종합	서류100	1단계70+ 면접30	3개 영역 등급의 합이 11 이내	사/과/탐구2과목
	지역인재				사/과/탐구1과목
	기회균등 농어촌학생			미적용	-
이화여대	미래인재	서류100		(인문) 3개 영역 등급 합 5이내 (자연) 2개 영역 등급 합 4이내	탐구2과목
	고른기회 사회기여자(자연)			2개 영역 등급 합 5이내	
인제대	자기추천자	교과60+면접40		미적용	-

〈학생부종합전형〉

대학명	전형명	전형방법		수능최저학력기준	비고
		1단계 (선발비율)	2단계		
인하대	인하미래인재 (인문/자연)	서류종합평가 100	1단계70+ 면접평가30	미적용	-
	학교장추천 농어촌 고른기회(자연)	서류종합평가100			
전남대	지역인재/ 일반전형	종합서류평가 100	1단계70+ 면접30	미적용	-
전북대	큰사람	서류평가100	1단계70+ 면접30	3개 영역 등급 합이 10등급 이내	사/과 탐구2과목
	국가보훈대상자			미적용	-
전주대	일반학생 고른기회대상자	기타100	1단계70+ 면접30	미적용	-
	기회균형선발	기타100			
제주대	일반학생 II	서류평가100	1단계60+ 면접40	미적용	-
	농어촌 특성화 특수교육대상자	서류평가100	1단계80+ 면접20		
조선대	일반	서류평가100	1단계70+ 면접30	미적용	-
	기초생활	서류평가100			
중앙대	다빈치형인재 탐구형인재 사회통합 농어촌학생 기초생활수급자 등	서류100	1단계70+ 면접30	미적용	-
차 의과학대	CHA자기추천 고른기회/농어촌	서류100	1단계60+ 면접구술40	미적용	-
창원대	글로벌창의인재	서류평가100	1단계70+ 면접30	미적용	-
충남대	종합 I PRISM	서류평가100	1단계60+ 면접40	국어, 수학, 영어, 탐구, 한국사를 반드시 응시하고 수학 가형 4등급 이내, 영어 4등급 이내 (수학 나형 2등급 이내)	탐구2과목
	종합 II 농어촌/저소득층			미적용	-

〈학생부종합전형〉

<table>
<tr><th rowspan="2">대학명</th><th rowspan="2">전형명</th><th colspan="2">전형방법</th><th rowspan="2">수능최저학력기준</th><th rowspan="2">비고</th></tr>
<tr><th>1단계
(선발비율)</th><th>2단계</th></tr>
<tr><td rowspan="2">충북대</td><td>학생부종합 II</td><td>서류평가100</td><td></td><td>3개 영역 등급 합
10등급</td><td rowspan="2">탐구2과목</td></tr>
<tr><td>농어촌
특성화고</td><td>서류평가100</td><td></td><td>3개 영역 등급 합
10등급</td></tr>
<tr><td>평택대</td><td>PTU종합</td><td>서류평가100</td><td>면접100</td><td>미적용</td><td>-</td></tr>
<tr><td>한국
교통대</td><td>NAVI인재</td><td>서류종합100</td><td>1단계60+
면접40</td><td>미적용</td><td>-</td></tr>
<tr><td rowspan="2">한국
성서대</td><td>KBU인재</td><td rowspan="2">추후 공지예정</td><td></td><td></td><td></td></tr>
<tr><td>담임교사추천자</td><td></td><td></td><td></td></tr>
<tr><td>한남대</td><td>한남인재
지역인재</td><td>서류100</td><td>1단계50+
면접50</td><td>미적용</td><td>-</td></tr>
<tr><td>한림대</td><td>학교생활우수자</td><td>서류100</td><td>1단계70+
면접30</td><td>미적용</td><td>-</td></tr>
<tr><td rowspan="3">한서대</td><td>HSU스마트인재</td><td colspan="2">학생부40+서류60</td><td rowspan="3">미적용</td><td rowspan="3">-</td></tr>
<tr><td>지역인재</td><td>학생부100</td><td>1단계40+
면접60</td></tr>
<tr><td>면접고사(일반)</td><td colspan="2">학생부40+면접60</td></tr>
<tr><td rowspan="2">한양대</td><td>일반</td><td colspan="2" rowspan="2">학생부종합평가100</td><td rowspan="2">미적용</td><td rowspan="2">-</td></tr>
<tr><td>고른기회(자연)</td></tr>
<tr><td>호서대</td><td>호서인재</td><td>서류100</td><td>1단계60+
면접40</td><td>미적용</td><td>-</td></tr>
</table>

3. 논술고사전형

2019학년도 간호학과 논술전형은 논술과 학생부교과 성적을 중심으로 평가하는 전형이다. 간호학과 논술전형의 가장 중요한 요소는 논술과 교과 성적 그리고 수능최저학력기준 적용 여부이다. 2019학년도 간호학과 논술전형은 10개 대학 238명을 선발하며 인문계열은 80명을 분리 모집한다.

1) 2019학년도 간호학과 논술전형 실시 대학과 예정 선발인원은 다음과 같다.

(괄호 안은 모집인원)

가톨릭대(인문11/자연11) 경북대(자연32) 경희대(인문5/자연5)
부산대(자연13) 성신여대(인문8/자연10) 연세대학교/원주(인문5/자연8)
이화여대(인문8/자연22) 인하대(인문13/자연7) 중앙대(인문30/자연42)
한양대(자연8)

2) 대학별 전형방법

(1) 가톨릭대 간호학과

○ 전형명 논술우수자
○ 전형방법 **논술** 70% + **학생부**(교과) 30%
○ 수능최저학력기준
(인문) 국어, 수학(나), 영어, 사탐(1과목) 중 **2개 영역 각 2등급 이내**
(자연) 국어, 수학(가), 영어, 과탐(1과목) 중 **2개 영역 각 2등급 이내**
○ 논술내용
(인문) 120분/3문항/지문 · 자료 제시형(언어논술)

[출제경향]

• 고교 교육과정의 내용과 수준에 맞는 문제 출제

• 제시문에 대한 이해도와 문제 해결력 등을 측정

(자연) 120분/3문항/수리논술

[출제경향]

• 고교 교육과정 범위 내의 수리적 혹은 과학적 원리를 제시하는 제시문을 활용하여 문제를 올바르게 분석하고 해결하는지를 평가

(2) 경북대 간호학과

○ 전형명 논술전형(AAT)

○ 전형방법 논술70%, 학생부 교과 20%, 비교과 10%

○ 수능최저학력기준 3개 영역 등급 합이 8 이내/한국사 4등급 이내

○ 논술내용

(자연) 100분/논술형, 약술형, 풀이형/수학 5문항 내외(수능 수학 가형)

(3) 경희대 간호학과

○ 전형명 논술우수자

○ 전형방법 논술70% 교과, 비교과30%(출결, 봉사)

○ 수능최저학력기준

(인문)

국어 수학(가/나 택1) 영어 탐구(사회/과학 1과목) 중 2개 과목 합 4 이내 한국사 5등급 이내. 제2외국어/한문영역 성적을 사회탐구영역 2과목 중 1과목 성적으로 대체 가능

(자연)

국어 수학(가) 영어 과학(1과목) 중 2개 과목 5이내 한국사 5등급 이내

○ 논술내용

(인문)

120분/각2~3문항/1,500~1,800자(원고지 형식)

- 통합교과형 논술로 수험생의 통합적이고 다면적인 사고 및 표현 능력 측정
- 고등학교 교육과정의 지식을 통합하여 종합적 분석 및 문제해결 과정을 논리적이고 창의적으로 서술하는 능력 평가

(자연)

120분/수학 과학 각 4문항 이내/문항별 지정된 답안란에 작성(노트 형식)

- 수학과 과학(물리, 화학, 생명과학 중 한 과목 선택)에 관한 학생의 자연과학적 분석 능력 측정
- 제시문과 논제에 대한 정확한 이해를 기반으로 한 응용력과 분석 능력 평가
- 의학계 논술에서는 특정 과학지식 뿐만 아니라, 통합적인 사고 능력과 실제 상황에 적용하는 활용 능력을 종합적으로 평가

(4) 부산대 간호학과

○ 전형명 논술전형

○ 전형방법 논술70% 학생부30%(교과20+비교과10)

○ 수능최저학력기준

국어 수학(가) 영어 과학(2과목) 중 수학(가)를 포함한 2개 영역 등급 합 5등급 이내 한국사 4등급 이내

○ 논술내용

(자연) 100분/수리논술

(5) 성신여대 간호학과

○ 전형명 논술우수자

○ 전형방법 논술70% 학생부30%(교과90+출석10)

○ 수능최저학력기준

- 인문계열: 2개 영역 합 5등급 이내(탐구1과목)
- 자연계열: 2개 영역 합 6등급 이내(탐구1과목)

○ 논술내용 신설전형

(6) 연세대학교(원주캠퍼스) 간호학과

○ 전형명 일반논술전형

○ 전형방법 논술70% 교과20% 출석 · 봉사10%

(교과 인문 · 사회 국어, 영어/자연 수학 · 과학)

○ 수능최저학력기준

- 인문계열: 국어 수학(나/가) 탐구(사/과) 중 1개 2등급 또는 2개 6등급 이내 (영어 1등급은 2개 합산시 1개 3등급으로 인정) · 탐구1과목 · 한국사 필수 응시
- 자연계열: 국어 수학(가) 과탐 중 1개 2등급 또는 2개 6등급 이내 (영어 1등급은 2개 합산시 1개 3등급으로 인정) · 탐구1과목 · 한국사 필수 응시

○ 논술내용

(인문) 120분/2문항/제시문(원고지 형태)

(자연) 120분/3문항/수리논술(백지 형태)

(7) 이화여대 간호대학

○ 전형명 논술전형

○ 전형방법 논술70% 학생부30%

○ 수능최저학력기준

(인문)국어, 수학(나),영어, 사/과탐(2과목) 중 3개 영역 합 5등급 이내

제2외국어/한문 탐구1과목 인정

(자연)국어, 수학(가), 영어, 과탐(2과목) 중 3개 영역 등급 합 6등급 이내

○ 논술내용

(인문) 100분/언어논술 II/고등학교 교육과정

(자연) 100분/수리논술 I/고등학교 교육과정

(8) 인하대 간호학과

○ 전형명 논술우수자

○ 전형방법 논술70% 학생부교과30%

○ 수능최저학력기준 미적용

○ 논술내용

(인문) 120분/2문항(2논제)/인문학+사회과학(자료분석 및 활동포함)/서술형

(자연) 120분/3문항(8~10논제)/수학(수학 I · II, 확률과 통계, 미적분 I · II, 기하와 벡터) /수식포함 서술형

(9) 중앙대 적십자간호대학

○ 전형명 논술전형

○ 전형방법 논술60% 학생부40%(교과20, 비교과20)

○ 수능최저학력기준

(인문) 국어, 수학(가/나),영어, 사/과탐 중 3개 영역 등급 합 5이내 한국사 4등급 이내

(자연) 국어, 수학(가), 영어, 과탐 중 3개 영역 등급 합 5이내 한국사 4등급 이내

○ 논술내용

(인문) 120분/언어논술

(자연) 120분/수리논술, 과학논술(과학선택형)

(10) 한양대 간호학과

○ 전형명 논술중심전형

○ 전형방법 논술70% 학생부종합평가30%

○ 수능최저학력기준 미적용

○ 논술내용

(자연) 90분/수학(가)/수리논술/고교교육과정 내 출제

〈표 17〉 2019학년도 간호학과 논술전형 총괄표

대학명	전형명	전형방법	수능최저학력기준	시간/문항
가톨릭대	논술 우수자	논술70＋교과30	(인문) 국어, 수학(나), 영어, 사탐(1과목) 중 2개 영역 각 2등급 이내	120분/3문항
			(자연) 국어, 수학(가), 영어, 과탐(1과목) 중 2개 영역 각 2등급 이내	
경북대	논술 전형 (AAT)	논술70%＋ 학생부 교과20%＋ 비교과 10%	3개 영역 등급 합이 8 이내/ 한국사 4등급 이내	100분/ 수학5문항내외
경희대	논술 우수자	논술70%＋ 교과, 비교과 (출결봉사)30%	(인문) 국어 수학(가/나 택1) 영어 탐구(사회/과학 1과목) 중 2개 과목 합 4 이내 한국사 5등급 이내 ※ 제2외국어/한문 성적을 사회탐구영역 2과목 중 1과목 성적 대체	120분/ 각2~3문/ 원고지형식
			(자연) 국어 수학(가) 영어 과학(1과목) 중 2개 과목 5이내 한국사 5등급 이내	120분/ 수학,과학 각 4문항 이내
부산대	논술 전형	논술70%＋학생부 30%(교과20＋비교과10)	국어 수학(가) 영어 과학(2과목) 중 수학(가)를 포함한 2개 영역 등급 합 5등급 이내 한국사 4등급 이내	(자연)100분/ 수리논술
성신 여대	논술 우수자	논술70%＋ 학생부30% (교과90＋출석10)	(인문) 2개 영역 합 5등급 이내(탐구1과목)	신설전형
			(자연) 2개 영역 합 6등급 이내(탐구1과목)	
연세대 (원주)	일반 논술 전형	논술70% 교과20% 출석 · 봉사10% (교과 인문 · 사회 국어, 영어/자연 수학 · 과학)	(인문) 국어 수학(나/가) 탐구(사/과) 중 1개 2등급 또는 2개 6등급 이내 (영어 1등급은 2개 합산 시 1개 3등급으로 인정) · 탐구1과목 · 한국사 필수 응시	120분/2문항/ 제시문 (원고지형태)
			(자연) 국어 수학(가) 과탐 중 1개 2등급 또는 2개 6등급 이내 (영어 1등급은 2개 합산시 1개 3등급으로 인정) · 탐구1과목 · 한국사 필수 응시	120분/3문항/ 수리논술 (백지형태)
이화 여대	논술 전형	논술70%＋ 학생부30%	(인문) 국어, 수학(나),영어, 사/과탐(2과목) 중 3개 영역 합 5등급 이내 제2외국어/한문 탐구1과목 인정	100분/ 언어논술 Ⅱ
			(자연) 국어, 수학(가), 영어, 과탐(2과목) 중 3개 영역 등급 합 6등급 이내	100분/ 수리논술 Ⅰ
인하대	논술 우수자	논술70%＋ 학생부교과30%	미적용	(인문) 120분/2논제
				(자연) 120분/3문항
중앙대	논술 전형	논술60%＋ 학생부40% (교과20/비교과20)	(인문) 국어, 수학(가/나),영어, 사/과탐 중 3개 영역 등급 합 5이내 한국사 4등급 이내	120분/ 언어논술
			(자연) 국어, 수학(가), 영어, 과탐 중 3개 영역 등급 합 5이내 한국사 4등급 이내	120분/수리논술, 과학논술 (과학선택형)
한양대	논술중심전형	논술70% 학생부 종합평가30%	미적용	90분/수학(가)/ 수리논술

4. 적성고사전형

2019학년도 간호학과 적성고사 전형은 적성고사와 학생부교과 성적을 중심으로 평가하는 전형이다. 간호학과 적성고사 전형의 가장 중요한 요소는 적성고사 전형과 교과 성적 그리고 수능최저학력기준 적용 여부이다. 2019학년도 간호학과 적성고사 전형은 4개 대학 5개 캠퍼스 170명을 선발하며 가천대는 인문계열 35명을 분리 모집한다. 단 2019학년도 간호학과 적성고사 전형에서 수능최저학력 기준을 적용하는 대학은 없다.

1) 2019학년도 간호학과 적성고사 전형 실시 대학과 예정 선발인원

(괄호 안은 모집인원)

가천대(메디컬 인문35/ 자연43/ 자연 농어촌3) 삼육대(12)
수원대(15) 을지대(대전/30, 성남/32)

2) 2019학년도 간호학과 적성고사 전형방법

(1) 가천대 간호학과

○ 전형명 적성우수자/농어촌(적성)
○ 전형방법 적성고사40%+학생부교과60%
○ 수능최저학력기준 미적용
○ 시험시간, 출제과목, 문항수 60분/국어20+수학20+영어10

(2) 삼육대 간호학과

○ 전형명 적성전형
○ 전형방법 적성고사40%+학생부교과60%

○ 수능최저학력기준 미적용

○ 시험시간, 출제과목, 문항수 60분/국어30+수학30

(3) 수원대 간호학과

○ 전형명 일반전형(적성)

○ 전형방법 적성고사40%+학생부교과60%

○ 수능최저학력기준 미적용

○ 시험시간, 출제과목, 문항수 60분/국어30+수학30

(4) 을지대 간호학과(대전/성남)

○ 전형명 교과적성우수자

○ 전형방법 적성고사40%+학생부교과60%

○ 수능최저학력기준 미적용

○ 시험시간, 출제과목, 문항수 60분/국어20+수학20+영어20

〈표 18〉 2019학년도 간호학과 적성고사 총괄표

대학명	전형명	전형방법	출제과목	시험시간
가천대	적성우수자/농어촌(적성)	적성고사40%+학생부교과60%	국어20+수학20+영어10	60분
삼육대	적성전형	적성고사40%+학생부교과60%	국어30+수학30	
수원대	일반전형(적성)	적성고사40%+학생부교과60%	국어30+수학30	
을지대(대전/성남)	교과적성우수자	적성고사40%+학생부교과60%	국어20+수학20+영어20	

※ 2019학년도 간호학과 적성고사 실시 대학은 수능최저학력기준을 적용하지 않는다.

5. 2019학년도 간호학과 입시전형별 선발인원 총괄표

〈표 19〉 2019학년도 간호학과 입시전형별 선발인원 총괄표

대학	모집인원	수시	정시	수시전형별 모집인원 (정원내)				수시전형별 모집인원 (정원외)		
				교과	종합	논술	적성	농어촌	특성화고	기회균형
KC대	41	25	16	25	-	-	-	최대 5명 이내	-	-
가야대	144	114	30	114	-	-	-	8	9	5
가천대	255	180	75	62 (인문27)	40	-	78 (인문35)	6 (적성3 /종합3)	-	-
가톨릭관동대	70	42	28	24	18 (지역8)	-	-	5	-	5 ※
가톨릭대	80 (인문40)	48 (인문24)	32 (인문16)	26 (인문13)	-	22 (인문11)	-	-	-	-
강릉원주대	75	38	37	10	28 (지역7)	-	-	-	-	1
강원대 (춘천)	75	45	30 (인문10)	40 (인문17 /지역18)	5	-	-	-	-	-
강원대 (삼척)	65	37	28	29 (지역13)	4	-	-	2	-	2
건국대 글로컬	65	41	24	24	17 (지역2)	-	-	2	-	2
건양대	150	120	30 (지역15)	110 (지역50)	10	-	-	2	-	-
경남과기대	40	20	20	20	-	-	-	1	-	-
경남대	90	75	15	75	-	-	-	5	-	4
경동대 (원주)	315	220	95	220 (지역20)	-	-	-	-	-	-
경북대	116	37	79	15	27	32	-	4	-	1
경상대	70	46	24	26	20 (지역8)	-	-	2	-	-
경성대	40	32	8	20	12	-	-	1	-	1

대학	모집인원	수시	정시	수시전형별 모집인원 (정원내)				수시전형별 모집인원 (정원외)		
				교과	종합	논술	적성	농어촌	특성화고	기회균형
경운대	150	130	20	90 (지역10)	40	-	-			
경일대	130	97	33	82 (지역15)	15	-	-	4	-	3
경주대	40	25	15	25 (지역3)	-	-	-	전교 모집인원내 비율 선발		
경희대	85	58	27 (인문 13)	-	48 (인문28)	10 (인문5)	-	4 (인문2)	-	4 (인문2)
계명대	140	110	30	64 (지역24)	46 (지역14)	-	-	4	-	-
고려대	60	45	15	6	39	-	-	2	-	-
고신대	100	82	18	82 (특성화 2)	-	-	-	-	-	-
공주대	64	51	13	34	17 (지역5)	-	-	-	2	-
광주대	80	76	4	76 (지역11)				3	-	7
광주여자대	98	78	2	78 (지역3)	-	-	-	8	-	10
국군간호사관	85	42 (인문 17)	43 (인문 17)	-	입학정원 : 85명(남자 8명, 여자 77명)					
국립안동대	40	28	12	24 (지역4)	4	-	-	1	1	1
군산대	40	27	13	18 (지역3)	9	-	-	1	1	1
극동대	65	65	0	55	10	-	-	최대 6명 이내		
김천대	90	87	16	81	6 (지역)	-	-			
꽃동네대	40	30	10	-	30	-	-	1	-	2
나사렛대	45	36	9	36	-	-	-	4이내	-	4 이내
남부대	170 ※	153	17	153	-	-	-	6	-	6
남서울대	40									

※ 2019학년도 서울대학교 간호대학은 수시모집 지역균형선발전형, 정시모집 일반전형, 정시모집 기회균형선발특별전형 II 응시기준으로 국어, 수학'나', 영어, 한국사, 사회/과학

탐구 또는 국어, 수학'가', 영어, 한국사, 과학/사회탐구를 충족해야 합니다.

대학	모집인원	수시	정시	수시전형별 모집인원 (정원내)				수시전형별 모집인원 (정원외)		
				교과	종합	논술	적성	농어촌	특성화고	기회균형
단국대(천안)	114	64	50	64	-	-	-	-	-	-
대구가톨릭	100	50	50	40 (지역10)	10	-	-	5	-	2
대구대	84	67	17	48 (지역11)	19	-	-	3	-	-
대구한의대	85	63	22	48	15 (지역7)	-	-	5	-	4
대전대	73	63	7	47	16 (지역)	-	-	3	-	-
대진대	40	10	30	5	5	-	-	4	-	3
동국대(경주)★	70	40	30	-		-	-			
동명대	60	52	8	52	-	-	-	-	-	-
동서대	60	42	15	42	-	-	-	6	-	4
동신대	100	75	25	75 (지역33)	-	-	-	5	-	14
동아대	80	55	25	55	-	-	-			
동양대	60	51	9	51 (지역4)	-	-	-	6	-	6
동의대	110	81	29	48	33 (지역8)	-	-	-	-	-
목포가톨릭대	90	80	10	67	7 (지역6)	-	-	4	-	2
목포대	60	36	24	23	13 (지역6)	-	-	2	-	2
배재대	65	57	8	14 (지역4)	43	-	-	3	-	4
백석대	141	100	41 (지역6)	87 (지역7)	13	-	-	5	4	4
부경대	40	28	12	15	13	-	-	-	--	-
부산가톨릭대	85	71	14	14	57 (지역9)	-	-	5	-	9
부산대	80	53	27	29 (인문8)	11	13	-	2	-	2

대학	모집 인원	수시	정시	수시전형별 모집인원 (정원내)				수시전형별 모집인원 (정원외)		
				교과	종합	논술	적성	농어촌	특성 화고	기회 균형
삼육대	65	45	20	9	24	-	12	2	-	1
상명대 (천안)	50	40	10	32	8	-	-	3	-	-
상지대	50	20	30	20 (지역3)	-	-	-	2	-	-
서울대	63	53	10 (기회균형 II/2명 정원외 별도선발)	-	21 (지균) 32 (일반)	-	-	3 (기회균형I)		3 (기회균형I)
선문대	57	45	12	31 (지역7)	14 (지역4)	-	-	4	4	4
성신 여대	88	63	25 (인문 12)	20 (인문6)	31	26 (인문8)	-	4	-	-
세명대	90	70	20	50 (지역10)	20	-	-	7 이내	-	7 이내
세한대 (영암)	80	65	15	65	-	-	-	8	8	16
송원대	70	56	14	56	-	-	-	4명 이내	-	10명 이내
수원대	41	30	11	15	-	-	15	3	-	-
순천대	60	51	9	30	21 (지역 16)	-	-	-	-	-
순천향대	50	30	20	20 (지역4)	10 (지역 5)	-	-	2	-	2
신경대	40	35	5	35	-	-	-	4	2	5
신라대	50	40	10	36	4	-	-	○	-	-
신한대	90	77	13	68	9	-	-	9	-	3
아주대	70	60	10	20 (교차지원 10)	40	-	-	3	-	-

대학	모집인원	수시	정시	수시전형별 모집인원 (정원내)				수시전형별 모집인원 (정원외)		
				교과	종합	논술	적성	농어촌	특성화고	기회균형
연세대	73	37	36 (인문 20)	-	37	-	-	○	○	○
연세대 (원주)	50	40	10 (인문 3)	-	27 (인문12)	13 (인문5)	-	2 (인문1)	-	2 (인문1)
영산대 (양산)	80	72	8	72	-	-	-	○	○	○
예수대	115	80	35	80	-	-	-	-	-	7
우석대	100	60	40	30	30	-	-	5	-	5
우송대	80	67	13	50 (지역3)	17	-	-	-	-	1
울산대	100	80	20	69	11	-	-	2	-	1
원광대	101	70	31	-	70 (지역40)	-	-	3	-	4
위덕대	50	50	1	49	-	-	-	-	-	-
유원대	30	21	9	21	-	-	-	3	3	3
을지대 (대전)	70	48	22	18	-	-	30	2	-	1
을지대 (성남)	80	56	24	21	3	-	32	2	-	2
이화여대	76	76	-	16	30 (인문8)	30 (인문8)	-	○	○	○
인제대	80	56	24	48	8	-	-	5	-	-
인천가톨릭대	40	21	19	21	-	-	-	3	-	1
인하대	80	65 (인문26)	15 (인문6)	25 (인문13)	20	20 (인문13)	-	1	-	-
전남대	89	59(9)	30	41	18 (지역9)	-	-	-	-	-
전북대	100	55	45	49 (지역20)	6	-	-	-	-	-
전주대	50	31	19	19	12	-	-	3	-	3
제주대	71	42	29	35 (지역21)	7	-	-	1	1	-
조선대	80	45	35	35	10	-	-	-	-	3
중부대	65	49	16	41	8 (지역4)	-	-	4	-	4

※ 이화여대 수시전형만 모집

대학	모집인원	수시	정시	수시전형별 모집인원 (정원내)				수시전형별 모집인원 (정원외)		
				교과	종합	논술	적성	농어촌	특성화고	기회균형
중앙대	291 (인문135)	201 (인문95)	90 (인문40)	61 (인문31)	68 (인문34)	72 (인문30)	-	11 (인문5)	-	20 (인문10)
중원대	65	60	5	60 (지역6)	-	-	-	(6이내)	(12이내)	(6이내)
차의과학대	70	50	20	13	37	-	-	3	-	-
창신대	100	90	10	90	-	-	-	8	-	7
창원대	30	20	10	17 (지역6)	3	-	-	-	-	-
청운대(홍성)	65	45	20	45 (지역3)	-	-	-			
청주대	95	70	25	70 (지역6)	-	-	-			
초당대	145	125	20	125 (지역30)	-	-	-	12명 이내	10명 이내	19명 이내
충남대	91	58	33	45 (지역6)	13	-	-	2	-	1
충북대	60	20	40	27 (지역4)	13	-	-	1	-	-
평택대	26	10	16	-	10	-	-	-	-	2
한국교통대	54	38	16	24	14	-	-	1	-	1
한국국제대	40					-	-			
한국성서대	45	34	10	19	15	-	-	2	-	3
한남대	51	39	12	21 (지역8)	18 (지역7)	-	-	3	-	1
한려대	50	40	10	40	-	-	-	5	5	9
한림대	105	50	55	25 (지역15)	25	-	-	1	-	-
한서대	60	48	12	17	31	-	-	(6)	(6)	(6)
한세대	33	22	11	22	-	-	-	3이내	-	-

대학	모집인원	수시	정시	수시전형별 모집인원 (정원내)				수시전형별 모집인원 (정원외)		
				교과	종합	논술	적성	농어촌	특성화고	기회균형
한양대	38	38	·	7	23 (인문11)	8	-	2(인문1)	1	2(인문1)
한일장신대	52	43	9	43	-	-	-	3	-	8
호남대	101	71	30	67	-	-	-	-	4(정원내)	10
호서대	51	36	15	30 (지역8)	6	-	-	2	-	2
호원대	60	40	20	38	2(검정고시)	-	-	6	-	6

※ 한양대 간호학부는 정시 모집이 없음.
※ 기회균형 : 저소득층, 기초생활 및 차상위 계층
※ (지역)은 지역인재전형 모집정원
※ (인문)은 인문계열 분리 모집정원 정시 모집이 없음.

II. 정시전형

2019학년도 정시 전형 대부분의 대학 간호학과는 수능100%로 모집인원을 선발한다. 수능100%로 선발하는 간호학과 이외의 학생부, 면접을 반영하는 간호학과와 수학(가), 과학탐구 영역의 가산점 반영 간호학과를 살펴본다. 또한 인문계열과 자연계열 분리 모집 대학 간호학과를 알아본다.

먼저 2019학년도 정시전형의 일정은 다음과 같다.

○ 2019학년도 정시전형 일정

① 원서접수 2018. 12. 29(토) ~ 2019. 1. 3(목) 중 3일 이상

② 전형기간

가군 2019. 1. 4(금) ~ 11(금)(8일)

나군 2019. 1. 12(토) ~ 19(토)(8일)

다군 2019. 1. 20(일) ~ 27(일)(8일)

③ 합격자 발표 2019. 1. 29(화) 까지

④ 합격자 등록 2019. 1. 30(수) ~ 2. 1(금)(3일)

⑤ 정시 미등록 충원 합격 통보 마감 2019. 2. 14(목) 21:00 까지

⑥ 정시 미등록 충원 등록 마감 2019. 2. 15(금)

1. 수능 이외의 영역 반영 간호학과

1) 학생부성적 반영 간호학과

경동대(30) 김천대(30) 남서울대(20) 백석대(30) 선문대(20) 세한대(30) 신경대(20) 영산대(40) 예수대(21) 위덕대(30) 을지대/대전·성남(일반전형 I 10) 인천가톨릭대(10) 중부대(수능학생부 50) 청운대(44.4) 청주대(20) 초당대(16.7) 평택대(20) 한양대(농어촌학생/기회균형선발/특성화고교졸업자 10) 한일장신대(37.21) 호서대(20)

※ ( )은 학생부 반영 비율

2) 면접 반영 간호학과

KC대(20) 나사렛대(3.3) 한국성서대(30) 한려대(20)
※ ( )은 면접 반영 비율

3) 학생부+면접 반영 간호학과

가야대(30+10) 경주대(50+10) 광주여자대(30+10) 창신대(40+10) 호원대(20+20)
※ ( )은 학생부와 면접 반영 비율

2. 수학(가), 과학탐구 가산점 반영 간호학과

1) 수학(가) 가산점 반영 간호학과

KC대 ⑩ 건양대 ⑮ 경 남과기대 ⑩ 경남대 ⑩ 경북대 표준점수×1.5 경성대 ⑩ 경운대 ⑩ 고신대 ⑩ 광주대 ⑩ 극동대 ⑩ 꽃동네대 ⑩ 나사렛대 ⑩ 남서울대 ⑩ 단국대(천안)⑮ 동명대 ⑩ 동서대 ⑩ 동의대 ⑩ 백석대 ⑩ 부산가톨릭대 ② 삼육대 ⑩ 상명대(천안)⑩ 선문대 ⑤ 세명대 ⑳ 세한대 ⑩ 수원대 ⑩ 신라대 ⑩ 영산대 ⑩ 울산대 ⑳ 원광대 ⑩ 인천가톨릭대 ⑩ 전남대 ⑳ 전주대 ⑩ 제주대 ⑩ 중원대 ⑩ 차의과학대 ⑩ 창신대 ⑩ 창원대 ⑩ 청운대 ⑩ 충남대 ⑳ 평택대 ⑩

2) 과학탐구 가산점 반영 간호학과

대구가톨릭대 ⑤ 상지대 ⑤ 위덕대 ⑤

3) 수학(가) + 과학탐구 반영 간호학과

가천대 ⑦⑤ 가톨릭관동대 ⑩⑤ 강릉원주대 ⑩⑤ 강원대 /춘천(자연) ⑳⑩ 강원대(삼척) ⑳⑩ 건국대(글로컬) ⑤③ 경상대 ⑩⑩ 경일대 ⑮⑤ 계명대 ⑮⑤ 공주대 ㉕⑬ 군산대 ⑳⑩ 대구대 ⑮⑤ 대구한의대 ⑩⑤ 대전대 ⑩⑩ 대진대 ⑤③ 동국대(경주) ⑩⑤ 목포가톨릭대 ⑮⑩ 목포대 ⑩⑤ 부경대 ⑳⑥ 성신여대 ⑩ 과탐 II ⑤ 순천대 ⑩⑤ 순천향대 ⑩⑩ 예수대 ⑩③ 우송대 ⑩⑤ 을지대 ⑩⑩ 전북대 ⑳⑩ 조선대 ⑮⑩ 청주대 ⑩①

3. 인문, 자연계열 분리 모집 간호학과

가천대, 가톨릭대, 강원대(춘천), 경희대, 성신여대, 아주대(교차), 연세대, 연세대(원주), 이화여대, 인하대, 중앙대 등이 있다.

가천대 간호학과는 인문계열로 수시전형에 학생부교과 27명, 적성전형 35명을 모집한다. 가톨릭대 간호학과는 인문계열로 수시전형에 24명을 모집하며(학생부교과 13명, 논술전형 11명) 정시전형에 16명을 선발한다. 강원대(춘천) 간호학과는 인문계열로 수시 학생부교과 17명 정시 10명을 모집한다. 경희대 간호학과는 인문계열로 수시전형에 학생부종합 28명, 논술전형 5명 정원 외 농어촌전형 2명과 정시전형에 13명을 모집한다. 성신여대 간호학과는 인문계열로 수시전형에 학생부교과 6명, 논술전형 6명 정시전형 12명을 모집한다. 연세대(서울) 간호학과는 인문계열로 정시전형 20명을 모집한다. 이화여대 간호학과는 수시전형만 모집하며 인문계열로 수시전형 학생부종합 8명, 논술전형 8명을 모집한다. 인하대 간호학과는 인문계열로 수시전형 26명(학생부교과 13명, 논술전형 13명)을 모집하고 정시전형 6명을 선발한다. 한양대 간호학과 인문계열로 학생부종합 11명, 농어촌학생 1명을 모집한다.

4. 2019학년도 간호학과 정시 전형방법 총괄표

〈표 20〉 2019학년도 간호학과 정시 전형방법 총괄표

대학명	모집군	모집인원	전형명 / 수능성적 반영비율	수능 반영지표	수능반영영역						가산점	비고
					국어	수학㉮	수학㉯	영어	사/과/직탐	한국사		
KC대	다	16	일반학생 수능 80 면접 20	백분위	30	40		영어 1~2등급:9 3~4 등급:8 5등급:7 6~9등급:0	30 (2개 과목 평균)	필수 응시	수학㉮ 10%	-
가야대	다	30	인문계고 출신자 수능 60 교과 30 면접 10	백분위	40	40	-	40	10	10	-	국,수,영중 2+ 탐구중 상위1개 반영+한국사
가천대	나	45	일반전형 1 수능 100	백분위	25	30		20	20 (1과목)	5	수학㉮ 7% 과탐 5%	-
	나	30	일반전형 2 수능 100	백분위	○	○	○	○	○ (1과목)	필수 응시	수학㉮ 7% 과탐 5%	상위 3개 영역 40;30:30
가톨릭 관동대	가	28	수능전형 수능 100	백분위	20	30		30	20	가산점	수학㉮ 10% 과탐 5%	탐구 2 과목 평균
가톨릭대	나	16 인문	일반전형 수능 100	백분위	30	-	30	20	20(사)	가산점	·	탐구2과목
	나	16 자연	일반전형 수능 100	백분위	30	30	-	20	20(과)	가산점	·	탐구2과목
강릉 원주대	다	37	일반학생 수능 100	백분위	10	40		25	20	5	수학㉮ 10% 과탐 5%	
강원대 (춘천)	나	10 인문	일반전형 수능 100	백분위	15	10		15	10	가중치	·	탐구2과목, 제2외국어 사탐1과목대체
	나	20 자연	일반전형 수능 100	백분위	10	15		10	15	가중치	수학㉮ 20% 과탐 10%	-

대학명	모집군	모집인원	전형명 / 수능성적 반영비율	수능 반영지표	수능반영영역						가산점	비고
					국어	수학㉮	수학㉯	영어	사/과/직탐	한국사		
강원대(삼척)	나	28	일반전형 수능 100	백분위	10	15		10	15	가중치	수학㉮ 20% 과탐 10%	탐구 2과목, 2외국어 사탐1 과목 대체
건국대(글로컬)	다	24	수능 100	백분위	(50)	(50)		(50)	(50)	·	수학㉮ 5% 과탐 3%	우수 택2 영역/50:50 반영/탐구 1과목
건양대(대전)	나	15 (15)	일반학생전형 (지역인재) 수능 100	백분위	(33.3)	(33.3)		(33.3)	(33.3)	응시필수	수학㉮ 15%	국,수,영,탐(1과목) 중 3개 영역 합
경남과학기술대	나	20	일반 수능 100	표준점수	20	20		10	10	응시필수	수학㉮ 10%	탐구1과목
경남대	나	15	일반학생 수능 100	백분위	(33.3)	(33.3)		(33.3)	(33.3) 사/과/직	·	수학㉮ 10%	국,수,영,탐 (1과목) 중 3개 영역 합 탐구 2평균
경동대(원주)	가	95	일반학생 수능70 학생부30	등급	25	25		25	25	가산점	·	탐구1과목
경북대	가	37	일반학생 수능 100	환산 표준점수	20	30	-	20	20	차등가점	수학㉮ 표준점수×1.5	탐구 변환 표준점수
경상대	가	24	일반 수능 100	표준점수	25	30		20	25 사/과/직	응시필수	수학㉮ 10% 과탐 10%	탐구2과목
경성대	가	8	일반전형 수능 100	표준점수	25	25		25	25 사/과/직	·	수학㉮ 10%	탐구2과목
경운대	나	20	일반 1 수능 100	백분위	(33.3)	(33.3)		(33.3)	(33.3) 사/과	가산점	수학㉮ 10%	탐구1과목
경일대	가	33	일반 수능 100	백분위	25	25		25	25	가산점	수학㉮ 15% 과탐 5%	탐구1과목
경주대	가	15	일반전형 수능40 학생부 50 면접 10	백분위	30	30+		·	40 사/과/직	가산점	·	탐구1과목

대학명	모집군	모집인원	전형명 수능성적 반영비율	수능 반영지표	수능반영영역						가산점	비고
					국어	수학㉮	수학㉯	영어	사/과/직탐	한국사		
경희대	가	13 인문	수능 100	표준점수 백분위 변환 표준점수	35	·	25	15	20 사탐	5	·	탐구 2과목 제2외국어/한문 사탐1과목 대체
	가	14 자연	수능 100		20	35	·	15	25 과탐	5	·	탐구2과목
계명대	다	30	일반 수능 100	백분위	25	25		25	25 사과직	가산점	수학㉮ 15% 과탐 5%	탐구2과목
고려대	나	15	일반전형 수능 100	표준점수 변환점수	200	240		등급별 감점	200(과)	등급별 가산점	모집인원의 50%	
					200	200			160		모집인원의 50%	
고신대	다	18	수능 100	표준점수+ 등급(영어)	25	25		25	25	·	수학㉮ 10%	탐구2과목
공주대	가	13	일반전형 수능 100	백분위	20	30		30	20	필수응시	수학㉮ 25% 과탐 13%	탐구 2과목 제2외국어/한문 사탐1과목 대체
광주대	나	4	일반학생 수능 100	백분위	30	30		25	10 사과직	5	수학㉮ 10%	탐구1과목
광주 여자대	가	2	일반학생전형 수능 60 학생부 30 면접 10	평균등급 환산점수	25	(25)		25	(25) 사과직	필수응시	·	탐구1과목
국립 안동대	나	12	일반학생 수능 100	백분위	20	30		30	20 사과직	가산점	수학(가) 15% 과학탐구 5%	탐구1과목
군산대	다	13	일반전형 수능 100	백분위	20	30		30	20 사과직	가산점	수학(가) 20% 과학탐구 10%	탐구1과목
극동대	나	0	·	백분위	70			환산	30	-	수학㉮ 10%	이월시 모집

대학명	모집군	모집인원	전형명 수능성적 반영비율	수능 반영지표	수능반영영역 국어	수학㉮	수학㉯	영어	사/과/직탐	한국사	가산점	비고
김천대	가	16	수능 70, 교과 30	백분위	40(수학㉮㉯ 구분없음)			40	20	가산점	·	탐구1과목
꽃동네대	나	10	수능 100	백분위	30(택1)			30	40	필수응시	수학㉮ 10%	탐구2과목
나사렛대	가	9	수능 96.7 면접 3.3	백분위	(40)	(40)		(40)	20	필수응시	수학㉮ 10%	국수영 중 우수 2개 영역
남부대	가	17 (2018)	일반학생전형 수능 100	백분위	30	30		30	10	가산점	·	탐구1과목
남서울대	나	10 (2018)	수능 80 교과 20	백분위	(40)	(40)		(40)	20	필수응시	수학㉮ 10%	탐구1과목 국수영 중 우수 2개 영역
단국대 (천안)	가	50	일반학생 수능 100	백분위	30	30		25	15	가산점	수학㉮ 15%	탐구1과목
대구 가톨릭대	나	50	일반 수능 100	국수탐 백분위 영어 등급배점	20	30		25	25 사과직	가산점	과탐 5%	탐구1과목
대구대	나	17	일반전형 수능 100	표준점수 영어 등급	25	25		25	25 사과직	가산점	수학(가) 15% 과학탐구 5%	
대구 한의대	가	22	일반전형 수능 100	표준점수 영어 등급점수	30	30		20	20	가산점	수학(가) 10% 과학탐구 5%	탐구1과목
대전대	나	7	일반전형 수능 100	백분위	27	28		20	25 사과직	가산점	수학(가) 10% 과학탐구 10%	
대진대	가	30	일반학생	백분위	(35)	(35)		(35)	30 사과직	필수응시	수학(가) 5% 과학탐구 3%	국영수 중 상위 2영역 탐구 1과목

대학명	모집군	모집인원	전형명	수능 반영지표	수능반영영역					가산점	비고
			수능성적 반영비율		국어	수학㉮ 수학㉯	영어	사/과/직탐	한국사		
동명대	다	8	수능 100	표준점수	25	25	25	25	필수응시	수학(가) 10%	
동서대	가	15	수능 100	표준점수	25	25	25	25	필수응시	수학(가) 10%	탐구1과목/제2외국어/ 한문 대체 인정
동신대	가	25	일반 수능 100	백분위	25	25	25	25	가산점	수학(가) 10% 과학탐구 5%	
동아대	가	25	일반학생 수능 100	표준점수 영어 환산점수	25	25	25	25	가감점	수학(가) 10% 과학탐구 5%	탐2
동양대	가	9	수능 100	백분위	(35)	(35)	(35)	30	가산점	·	국영수 중 2개 영역 탐2
동의대	나	29	일반학생 수능 100	표준점수 영어등급	25	25	25	25	필수응시	수학(가) 10%	탐2
목포 가톨릭대	가	10	일반학생 수능 100	백분의 영어 등급점수	(40)	(40)	40	20	·	수학(가) 15% 과학탐구 10%	국수 중 택1 탐2
목포대	가	24	일반학생 수능 100	백분위	30 (택1)	40(필수)	30(필수)	30(택1) 사과직	필수응시	수학(가) 10% 과학탐구 5%	국탐 중 택1 탐2
배제대	나	8	일반전형 수능 100	백분위	35(택1)		35	30	필수응시	·	국수 중 택1 탐1
백석대	나	일반 35 지역6	수능 70 학생부 30	백분위	상위 2개 영역 가각 40%			20 사과직	동점자 처리기준	수학(가)10%	탐1
부경대	가	12	수능 100	표준점수 영어등급	25	25	25	25	가산점	수학(가) 20% 과학탐구 6%	탐2
부산 가톨릭대	가	14	수능 100	표준점수 영어등급	25	25	25	25	응시확인	수학(가) 2%	탐2

<table>
<tr><th rowspan="2">대학명</th><th rowspan="2">모집군</th><th rowspan="2">모집인원</th><th>전형명</th><th rowspan="2">수능
반영지표</th><th colspan="6">수능반영영역</th><th rowspan="2">가산점</th><th rowspan="2">비고</th></tr>
<tr><th>수능성적
반영비율</th><th>국어</th><th>수학㉮</th><th>수학㉯</th><th>영어</th><th>사/과/
직탐</th><th>한국사</th></tr>
<tr><td>부산대</td><td>나</td><td>27</td><td>수능 100</td><td>국수
표준점수
영어
등급환산
탐구
표준변환</td><td>20</td><td>30</td><td></td><td>20</td><td>30
과탐</td><td>가산점</td><td>·</td><td>탐2</td></tr>
<tr><td>삼육대</td><td>다</td><td>20</td><td>일반전형
수능 100</td><td>백분위</td><td colspan="4">국영수 중 2과목 선택</td><td>1과목</td><td>가산점</td><td>수학(가) 10%</td><td>탐1(제2외국어 포함)</td></tr>
<tr><td>상명대
(천안)</td><td>나</td><td>10</td><td>일반전형
수능 100</td><td>백분위</td><td>·</td><td colspan="2">40</td><td>40</td><td>20
사과직</td><td>가산점</td><td>수학(가) 10%</td><td>탐1</td></tr>
<tr><td>상지대</td><td>다</td><td>30</td><td>일반
수능 100</td><td>백분위</td><td>25</td><td colspan="2">25</td><td>25</td><td>25</td><td>가산점</td><td>과탐 5%</td><td>탐2</td></tr>
<tr><td>서울대</td><td>가</td><td>10</td><td>일반전형
수능 100</td><td>국수탐:
표준점수
또는 백분위
영어 한국사
2외국어
한문:
등급 감점</td><td>100</td><td colspan="2">120</td><td>1등급 100
2등급부
터 0.5
감점</td><td>80
사과직</td><td>3등급이내
감점없음
4등급부터
0.4감점</td><td>-</td><td>제2외국어/한문영역:
2등급 이내 감점 없음
탐2
※응시기준 참조</td></tr>
<tr><td>선문대</td><td>나</td><td>12</td><td>일반전형
수능 80
교과 20</td><td>백분위</td><td>-</td><td colspan="2">33.3</td><td>33.3</td><td>33.3</td><td>가산점</td><td>수학(가) 5%</td><td>탐1</td></tr>
<tr><td rowspan="2">성신여대</td><td rowspan="2">가</td><td>12
인문</td><td rowspan="2">일반전형
수능100</td><td rowspan="2">백분위</td><td>20</td><td colspan="2">30</td><td>30</td><td>20</td><td rowspan="2">가산점</td><td rowspan="2">수학(가) 10%
화학II, 생명과학II, 물리II: 최상위성적 한 과목 백분위점수의 5%가산</td><td rowspan="2">탐2</td></tr>
<tr><td>12
자연</td><td>10</td><td colspan="2">35</td><td>30</td><td>25</td></tr>
</table>

대학명	모집군	모집인원	전형명 수능성적 반영비율	수능 반영지표	수능반영영역 국어	수학㉮	수학㉯	영어	사/과/직탐	한국사	가산점	비고
세명대	다	20	일반 수능 100	백분위	(40)	(40)		20	(40)	가산점	수학(가) 20%	국수탐 택2 탐2 평균
세한대	나	15	일반학생 수능 70 학생부 30	등급	25	25		25	25 사과직	가산점	수학(가) 10%	탐1
송원대	나	14	일반전형 수능 100	등급	30	20		20	25	5	×	탐1
수원대	나	11	수능 100	백분위, 등급	20	30		30	20 사과직	가산점	수학(가) 10%	탐2
순천대	다	9	일반학생전형	백분위	100	100(필수)		100 (필수)	100	응시 필수	수학(가) 10% 과학탐구 5%	탐2
순천향대	다	20	일반학생 수능 100	백분위	20	30		30	20	응시 여부	수학(가) 10% 과학탐구 10%	탐2
신경대	다	5	수능 80 학생부 20 (석차등급)	표준점수	(33.3)	(33.3)		(33.3)	33.3 사과직	사탐 포함	×	면접실시, 합불여부 국영수 중 2개 선택 탐2
신라대	다	10	수능 100	표준점수	25	25		25	25	응시 여부	수학(가) 10%	탐1
신한대	가	13	일반전형 수능 100	백분위 영어 등급	(40)	60		(40)	(40) 최우수 1과목 사과직		×	국,영,탐,한국 중 택1(40%) 교차지원가능
아주대	다	10	일반전형 2 수능 100	국수:표준 영어: 자체변환 탐구: 백분위	15	40		25	20(과탐)	감점	×	탐2
연세대	나	20 인문 16 자연	정시	표준점수 영어 등급별점수	200	200 300		100	100(사과) 300 (과학)	가산점		제2외국어, 한문 탐구 1과목인정 탐2

대학명	모집군	모집인원	전형명	수능 반영지표	수능반영영역						가산점	비고
			수능성적 반영비율		국어	수학㉮	수학㉯	영어	사/과/직탐	한국사		
연세대 (원주)	나	3 인문	일반전형 수능 100	국수(나) 표준점수 탐구(사과) 제2외국어 한문, 사회계열 수학(가) 백분위 영어 백분위	200	-	200 (또는 가)	100	200	10	×	총점1010 제2외국어, 한문은 탐구(사과)1과목으로 인정 탐2
		7 자연			200	300	-	100	300 과			
영산대	다	8	일반전형 수능 60 학생부 40	표준점수 영어 기준점수	25	25		25	25	가산점	수학(가) 10%	탐1
예수대	다	35	일반전형 수능 79 학생부 21	백분위	25	35		25	15	응시 여부	수학(가) 10% 과학탐구 3%	탐1
우석대	나	40	일반학생 수능 100	백분위	(35)	(35)		(35)	30 사과직	가산점	×	국수영 중 상위 2개 탐1
우송대	나	13	일반	백분위	(40)	(40)		20	(40)	응시 여부	수학(가) 10% 과학탐구 5%	국수탐 중 택2 탐1 평균
울산대	나	20	일반전형 수능 100	국수탐 백분위 영·한 등급	20	30		19	30	1	수학(가) 20%	탐1
원광대	가	31	일반전형 수능 100	표준점수	28.57	28.57		14.29	28.57	가산점	수학(가) 10%	탐2
위덕대	나	1	수능 70 교과 30	백분위 영어 환산점수	25	25		25	25 사과직	가산점	과학탐구 5%	탐1
유원대	가		수능 100	등급	20	40		40	-	응시 필수	-	-

<table>
<tr><th rowspan="2">대학명</th><th rowspan="2">모집군</th><th rowspan="2">모집인원</th><th>전형명</th><th rowspan="2">수능
반영지표</th><th colspan="6">수능반영영역</th><th rowspan="2">가산점</th><th rowspan="2">비고</th></tr>
<tr><th>수능성적
반영비율</th><th>국어</th><th>수학㉮</th><th>수학㉯</th><th>영어</th><th>사/과/직탐</th><th>한국사</th></tr>
<tr><td rowspan="2">을지대
(대전)</td><td rowspan="2">나</td><td>15</td><td>일반전형 I
수능 90
학생부 10</td><td>학생부
석차등급</td><td>(30)</td><td colspan="2">40</td><td>30</td><td>(30)</td><td rowspan="2">가산점</td><td>수학(가) 10%
과학탐구 10%</td><td>국탐 중 택1 탐2</td></tr>
<tr><td>7</td><td>일반전형 II
수능 100</td><td></td><td>(50)</td><td colspan="2">(50)</td><td>(50)</td><td>(50)</td><td>수학(가) 10%
과학탐구 10%</td><td>국수영탐 중 택2 탐2</td></tr>
<tr><td rowspan="2">을지대
(성남)</td><td rowspan="2">가</td><td>16</td><td>일반전형 I
수능 90
학생부 10</td><td>학생부
석차등급</td><td>(30)</td><td colspan="2">40</td><td>30</td><td>(30)</td><td rowspan="2">가산점</td><td rowspan="2">수학(가) 10%
과학탐구 10%</td><td>국탐 중 택1
탐2</td></tr>
<tr><td>8</td><td>일반전형 II
수능 100</td><td></td><td>(50)</td><td colspan="2">(50)</td><td>(50)</td><td>(50)</td><td>국수영탐 중
택2 탐2</td></tr>
<tr><td>이화여대</td><td colspan="12">수시모집에서만 선발하되, 수시모집에서 결원 발생 시 해당 인원을 정시모집에서 모집단위별로 선발함</td></tr>
<tr><td>인제대</td><td>가</td><td>24</td><td>수능우수자
수능 100</td><td>표준점수</td><td>○</td><td colspan="2">가/나</td><td>○</td><td>사과직</td><td>응시
여부</td><td>-</td><td>제2외국어/한문은
탐구(사과)1과목으로
인정 탐2</td></tr>
<tr><td>인천
가톨릭대</td><td>다</td><td>19</td><td>수능 90
교과 10</td><td>백분위</td><td>25</td><td colspan="2">30</td><td>25</td><td>20</td><td>응시
필수</td><td>수학(가) 10%</td><td>탐2</td></tr>
<tr><td rowspan="2">인하대</td><td rowspan="2">나</td><td>9
자연</td><td rowspan="2">일반
수능 100</td><td rowspan="2">국수
표준점수
탐구
백분위</td><td>20</td><td>30</td><td>-</td><td>20</td><td>25(과탐)</td><td>5</td><td rowspan="2">-</td><td rowspan="2">탐2</td></tr>
<tr><td>6
인문</td><td>30</td><td>-</td><td>30</td><td>20</td><td>15(사탐)</td><td>5</td></tr>
<tr><td>전남대</td><td>나</td><td>30</td><td>일반
수능 100</td><td>국수탐
표준점수
영어
등급점수</td><td>24</td><td colspan="2">32</td><td>20</td><td>24
사과직</td><td>가산점</td><td>수학(가) 20%</td><td>탐2</td></tr>
</table>

대학명	모집군	모집인원	전형명 / 수능성적 반영비율	수능 반영지표	수능반영영역 국어	수학㉮ / 수학㉯	영어	사/과/직탐	한국사	가산점	비고
전북대	나	45	일반학생 수능 100	표준점수	30	40	가산점	30	가산점	수학(가) 20% 과학탐구 10%	탐2
전주대	다	19	일반학생 수능 00	백분위	(40)	(40)	(40)	20 사과직	가산점	수학(가) 10%	국수영 상위 2개선택 탐1
제주대	다	29	일반 수능 100	백분위	25	25	30	20	응시 여부	수학(가) 10%	탐2
조선대	가	35	일반 수능 100	국수탐 백분위	20	28	20	12	가산점	수학(가) 15% 과학탐구 10%	탐2
중부대	다	8	수능학생부 수능 50 교과 50	백분위	(35)	(35)	(35)	30	응시 필수	-	국수영 상위 2개 선택 탐1
		8	수능우수자 수능 100								
중앙대	다	40 인문	수능일반 수능 100	표준점수	40	40	가산점	20	가산점	-	제2외국어/한문은 사탐1과목으로 인정 탐2
		50 자연			25	40		35			
중원대	가	5	일반전형 I 수능 100	백분위	(33.3)	(33.3)	(33.3)	(33.3) 사과직	-	수학(가) 10%	탐1
차 의과학대	다	20	수능100	백분위 영어 환산점수	-	30	40	30	-	수학(가) 10%	탐2
창신대	가	10	수능 50 학생부 40 면접 10	백분위 영 · 한 등급	30	20	30	20 사과직	가산점	수학(가) 10%	탐1

대학명	모집군	모집인원	전형명 수능성적 반영비율	수능 반영지표	수능반영영역						가산점	비고
					국어	수학㉮	수학㉯	영어	사/과/직탐	한국사		
창원대	가	10	수능100	백분위	20	30		25	25	응시필수	수학(가) 10%	탐2
청운대	가	20	일반전형 수능 55.6 학생부 44.4	백분위	(40)	(40)		(40)	20 사과직 제2외국어/한문	응시 여부	수학(가) 10%	국수영 상위 선택2 탐1
청주대	다	25	수능 80 교과 20	백분위 영어 환산점수	수능 5개 영역(국어, 수학, 영어, 탐구(직탐제외), 제2외국어/한문) 중 상위 3개 영역 백분위 점수로 반영					응시 여부	수학(가) 10% 과탐총점 1% (전형계획 참조)	탐2
초당대	다	20	일반전형 수능 83.3 학생부 16.7	백분위	국어(40) 수학(40) 영어(40) 중 택2				20	가산점	-	탐1
충남대	나	33	일반 수능 100	표준점수 영어 등급감점	40(인) 30(자)	30(인) 40(자)		등급별 가산점 반영	30	가산점	수학(가)20%	탐2
충북대	나	20	일반 수능 100	표준점수 영어 등급점수	20	30		20	30	필수응시	가산점	탐2
평택대	나	16	바른인재 수능 80 학생부 20	등급	국/수 택1(40)			30	30 사과직	가산점	수학(가)10%	탐1
한국교통대	나	16	일반전형 수능 100	백분위	20 30 30				20	6등급 이내	-	탐2
한국국제대	수시 이월 인원 발생시 선발											

대학명	모집군	모집인원	전형명 수능성적 반영비율	수능 반영지표	수능반영영역 국어	수학㉮	수학㉯	영어	사/과/직탐	한국사	가산점	비고
한국 성서대	다	10	일반전형 수능 70 면접 30	백분위	30	30		30	10	가산점	수학(가) 10%	탐1
한남대	가	12	수능 100	백분위 영어 환산점수	국어, 수학, 탐구영역 중, 상위영역 2개의 백분위점수 합 + 영어영역 환산점수					가산점	수학(가) 15%	탐1
한려대	나	10	일반전형 2 수능 80 면접 20	-	선택 1개 영역				-	-	-	수능 국수영 영역 중 1개 영역 이상 5등급 이내
한림대	나	55	일반전형 수능 100	백분위	20	40		20	20	응시필수	수학(가) 10%	탐2
한서대	다	12	일반 수능 100	백분위	35(국어, 수학 중 백분위 성적이 높은 영역 1개 반영)			35	20 사과직	10	수학(가) 8%	탐1
한세대	가	11	수능 100	백분위	40(국어 수학 중 1영역 선택)			30	30	-	수학(가) 5%	탐1
한양대	정시 일반 모집 인원 없음 정시 나군(정원 외) 농어촌학생 2(인문1/자연1) 기회균형선발 2(인문1/자연1) 특성화고교졸업자 1(인문1) 선발 전형요소 반영비율 수능 90 학생부교과 10											
한일 장신대	나	9	일반학생 수능 62.79 학생부 37.21	국수 백분위 영어 백분위 환산	20	30		30	20 사과직	응시필수	수학(가) 15%	탐1
호남대	나	30	수능 100	백분위	25	25		25	12.5 사과직	12.5	없음	탐1

대학명	모집군	모집인원	전형명	수능 반영지표	수능반영영역						가산점	비고
			수능성적 반영비율		국어	수학㉮	수학㉯	영어	사/과/직탐	한국사		
호서대	가	15	수능 80 학생부 20	백분위	(35)	(35)		(35)	30 사과직	가산점	수학(가) 5%	국수영 중 상위 2과목
호원대	가	20	일반학생전형 수능 60 학생부 20 면접 20	-	20	20		20	20	20 사과직	수학(가) 선택시 1등급 상향	탐2

III. 2019학년도 전문대학 입시전형

1. 2019학년도 전문대학 입시전형

2019학년도 전문대학 입시전형 시행계획에 의하면 206,207명(3,922명 감소)을 모집하며 수시 179,404명(87%) 정시 26,803명(13%)을 모집한다. 전형별 모집인원과 수능 과목별 반영 영역은 다음과 같다.

〈전형별 모집계획〉

전형구분		수시모집		정시모집		합계	
		인원(명)	비율(%)	인원(명)	비율(%)	인원(명)	비율(%)
일반전형		54,353	30.3%	16,176	60.4%	70,529	34.2%
정원 내 특별전형	사회·지역배려자, 경력자, 추천자, 출신고교유형등	96,458	53.8%	1,917	7.2%	98,375	47.7%
정원 외 특별전형	대졸자*	10,130	5.6%	2,650	9.9%	12,780	6.2%
	기회균형대상자*	9,691	5.4%	1,161	4.3%	10,852	5.3%
	장애인등	228	0.1%	118	0.4%	346	0.2%
	재외국민등*	5,117	2.9%	4,415	16.5%	9,532	4.6%
	성인학습자*	3,427	1.9%	366	1.4%	3,793	1.8%
	소계	28,593	15.9%	8,710	32.5%	37,303	18.1%
합계		179,404	100%	26,803	100%	206,207	100%

* 대졸자 : 전문대학 졸업자 포함
* 기회균형대상자 : 농어촌, 기초수급권자 및 차상위, 특성화고졸 재직자, 서해5도 학생 등포함
* 재외국민 등 : 외국인 및 북한이탈주민 포함
* 성인학습자 : 만학도 및 성인재직자 포함

정시모집에서 수능을 반영하는 대학의 과목별 반영 개수는 2개과목을 반영하는 대학이 60개교로 가장 많고, 3개 과목 31개교, 4개 과목 이상은 29개교이며, 18개교의 경우에는 수능성적을 반영하지 않는다.

〈수능 과목별 반영 개수 현황〉

구분	반영 대학수(교)						미반영 대학수(교)
	1개 과목	2개 과목	3개 과목	4개 과목	5개 과목	소계	
반영 대학 수	9	60	31	21	8	129	18

* 일부 대학의 경우 학과별로 상이할 수 있으며, 중복 반영된 대학수도 포함됨

2. 2019학년도 전문대학 입시일정

수시 및 정시로 나누어지는 시기별 모집횟수는 수시는 2회(차)로 운영하고 정시는 1회로 운영되며, 접수 일정도 모든 전문대학이 동일하게 실시한다.

2019학년도 전문대학 입학전형 일정은 다음과 같다.

□ (모집횟수) 공통적인 모집횟수는 수시 2회 및 정시 1회로 함

□ (접수기간) 접수기간은 시작일과 마감일을 전문대학 모두 동일하게 실시함

□ (자율모집) 정시 접수 이후 결원 보충을 위한 추가접수 및 충원은 2019.2.28.(목)까지 대학이 자율로 실시할 수 있음

〈세부일정〉

모집시기		접수기간	최초 합격자		충원 합격자	
			발표	등록	발표	등록
수시	1차	' 18.9.10(월) ~ 9.28(금)	' 18.12.14(금) 까지	' 18.12.17(월)~ 12.19(수)	' 18.12.20(목)~12.28(금) 까지 (합격자 발표 21시 까지)	
	2차	' 18.11.6(화) ~ 11.20(화)				
정시		' 18.12.29 (토)~ ' 19.1.11(금)	' 19.02.08(금) 까지	' 19.02.11(월)~ 02.13(수)	' 19.02.14(목)~02.28(목) 까지	

※ '19.2.26(화)~2.28(목)일자 합격자 발표 및 등록 시 타 대학 등록자는 제외

3. 2019학년도 전문대학 간호학과 수시전형(정원 내 전형)

2019학년도 전문대학 간호학과 수시전형의 전형방법의 핵심은 학생부, 면접, 수능최저학력기준의 적용 여부이다. 첫째 학생부는 전문대학 간호학과 수시전형의 가장 커다란 영향력을 발휘한다. 대부분의 전문대학 간호학과는 학생부를 기본으로 면접과 수능최저학력기준을 전형방법으로 선발하고 있다. 둘째 면접전형은 면접을 전형방법으로 채택하는 전문대학에 따라 100%에서 4.8%까지 다양하게 적용한다. 자세한 사항은 아래 면접 실시 전문대학 간호학과를 참고하기 바랍니다. 셋째 수능최저학력은 전문대학 수시 차수(1차, 2차)와 전형명칭에 따라 적용 여부가 달라진다. 또한 적용 영역적용 등급, 영역 수 등 세심한 주의가 필요하다. 자세한 사항은 아래 수능최저학력기준 적용 전문대학을 참고하기 바랍니다. 따라서 2019학년도 전문대학 간호학과 수시전형은 수험생의 특성에 맞게 전략적으로 지원해야 좋은 결과를 얻을 수 있다.

특이 사항으로 경복대 비교과입학전형은 서류 10%, 경북보건대 일반전형은 가산점, 군산보건대 특기자(어학능력우수자)는 서류 100%, 영진전문대 학생부종합은 가산점을 비교과전형은 1차 서류심사40% + 2차 인성/적성평가20% + 심층면접 40%, 원광보건대 리더쉽, 글로윈전형은 단계별전형을 혜전대 학생부종합전형은 서류 30% 실시한다.

전문대학 간호학과 입시는 수시 1차, 수시 2차, 정시로 진행될수록 경쟁률과 등급이 높아지는 경향이 있다. 따라서 전문대학 간호학과 진학을 희망한다면 수시 1차를 목표로 지원해야 좋은 결과를 얻을 수 있다.

〈표 21〉 2019학년도 전문대학 간호학과 수시전형(정원 내 전형)

※ 정원 내 전형만 수록

대학명	전형명	전형방법		비고
		학생부	면접	
가톨릭상지대	일반전형, 대학자체	80	20	수능 최저 적용
강동대	일반/전문과정졸업자	60	40	-
강릉영동대	일반전형, 일반고교전형	100	-	-
거제대	일반고(예정)졸업자	100	-	수능 최저 적용
	추천자	-	100	-
거창대	특별전형	-	100	수능 최저 적용
경남정보대	일반고, 특성화고	100	-	-
경민대	일반전형	100	-	수능 최저 적용
경복대	일반전형, 일반·특성화고졸업자, 특기자, 사회지역배려자	80	20	-
	비교과입학전형	서류10	90	
경북과학대	일반고, 특성화고, 대학자체	90(교과80+출결20)	10	수능 최저 적용
경북보건대	일반전형	100	가산점	수능 최저 적용
경북전문대?	일반전형, 지역인재	80	20	수능 최저 적용
경인여자대	일반고, 특성화고	100	-	-
계명문화대	일반고, 특성화고	80	20	자격증부가점수
광주보건대	대학자체기준	100	-	수능 최저 적용
	일반과정, 전문과정졸업자	100	-	
구미대	일반전형, 특별전형	95.2	4.8	-
군산간호대	일반전형	100	-	수능 최저 적용
	추천자 및 사회지역우선 (지역인재) 관련경력자(간호조무사)	50	50	-
군산간호대	특기자(어학능력우수자)	-	-	서류100
☆ 군장대	일반전형, 자체기준	50	50	수능 최저 적용
기독간호대	일반전형	100	-	수능 최저 적용

대학명	전형명	전형방법		비고
		학생부	면접	
김해대	대학 자체 기준	70	30	-
대경대	일반전형	70	30	-
대구과학대	일반과정, 전문과정	100	-	수능 최저 적용
대구보건대	일반고, 대학자체	100	-	수능 최저 적용
대동대	일반고, 특성화고, 대학자체	70	30	-
대원대	일반전형	100	-	-
	대학자체기준	50	50	
대전과기대	일반과정, 전문과정, 대학자체	100		-
동강대	일반과정, 전문과정졸업자	100		수능 최저 적용
동남보건대	일반, 전문과정 졸업자	100		-
동아보건대	일반전형, 지역인재, 독자전형	100		-
동원과기대	일반고, 특성화고, 대학자체	70	30	-
동의과학대	일반, 전문과정, 대학자체	100		-
동주대	일반고, 특성화고	80	20	-
두원공과대	일반전형, 특성화고, 추천자 등	100		☆
마산대	일반, 전문과정	100		수능 최저 적용
목포과학대	일반전형, 대학자체	75	25	-
문경대	일반전형	70	30	수능 최저 적용
	대학자체 기준	70	30	-
백석문화대	일반전형, 특별전형, 사회지역	70	30	-
	비교과입학전형	40(비교과)	60	
부산과기대	일반고, 특성화고 등 졸업자	80	20	-
부산여대	일반고	80	20(출결)	-
	특성화고	50	30+출결20	
부천대	일반고 등 졸업자	75	25	-
삼육보건대	일반고, 특성화고 등 졸업자	100	-	일반고 수능 최저 적용
	SDA추천	70	30	-
서라벌대	일반전형	80	20	-

대학명	전형명	전형방법		비고
		학생부	면접	
서영대	일반고, 특성화고	100		수능 최저 적용
서울여자 간호대	인문계고, 전문계고	100		수능 최저 적용
	독자전형	50	50	-
서일대	일반과정, 전문과정 졸업자	100		수능 최저 적용
서정대	일반전형	66.7	33.3	수능 최저 적용
선린대	일반전형	100		수능 최저 적용
☆ 세경대	일반전형	50	50	-
☆ 송곡대	일반전형, 일반고 졸업자	100		-
송호대	일반전형(수시 1차), 일반고 등	66.7	33.3	-
송호대	일반전형(수시 2차), 일반고 등	100		-
수성대	일반전형	86	14	수능 최저 적용
	대학자체	74	12+자체14	-
수원과학대	일반고, 특성화고	100		-
수원여자대	일반전형	40	60	-
순천제일대	일반전형, 대학자체	100		교과90+출결10
안동과학대	일반전형	80	20	수능 최저 적용
	대학인재, 지역인재	80	20	☆
안산대	일반전형	100		추천자 서류100
여주대	일반고	100		-
영남외국어대	일반전형, 대학자체	100		-
영남이공대	인문계전형	95.2	4.8	수능 최저 적용
영진전문대	일반과정, 전문과정	100		일반과정 수능최저 적용
	학생부종합	74.1	18.5+ 가산점7.4	-
	비교과전형	1차 서류심사40%+ 2차 인성/적성평가20%+심층면접40%		
용인송담대	일반과정졸업자	100		수능 최저 적용
☆ 우송정보대	일반전형	80	20	-

대학명	전형명	전형방법		비고
		학생부	면접	
울산과학대	인문계고, 특성화고	100		수능 최저 적용
원광보건대	일반, 특성화고, 지역고교	80	20	리더쉽, 글로윈은 단계별전형 실시
인천재능대	인문계전형	100		-
포항대	일반전형, 특별전형	93	7	-
한림성심대	일반전형, 일반고	75	25	수능 최저 적용
	추천자	80	20	-
☆ 한영대	일반전형, 대학자체	67	33	-
혜전대	일반,	100		-
	대학자체	100		부가점수40점
	학생부종합	40	30＋서류30	
호산대	일반전형, 일반과정, 전문과정, 추천자	50	50	-

1) 수능최저학력 기준 적용 전문대학 간호학과

○ 가톨릭상지대

일반전형 국어, 수학, 영어 영역 중 등급이 가장 우수한 2개 영역과 탐구(사탐/과탐/직탐) 영역 중 우수한 1개 과목을 반영한 3영역 등급의 합이 15등급이내 (탐구 1과목)

○ 거제대

특별전형(추천자전형 제외) 국어, 영어, 수학 중 우수 2과목 합이 10등급 이내

○ 거창대

특별전형 영어 4등급 이내

○ **경민대**

전체전형(대졸자전형 제외) 국어, 수학, 영어, 탐구 4개 영역 중 2개 영역 등급 평균 4.5등급 이내만 전형 대상

○ **경북과학대**

일반고전형 국어, 영어, 수학 영역 합산등급 15등급 이내

○ **경북보건대**

일반전형(학생부) 국어 + 수학 총 2개 영역 합이 10등급 이내를 만족해야 함

○ **경북전문대**(2018학년도 기준)

일반전형 수능성적 4개 영역 중 3개 영역(국어, 수학, 영어, 탐구) 합계 15등급 이내

○ **광주보건대**

일반과정, 전문과정 졸업자 국어, 영어, 수학 중 상위 2개 영역과 사회탐구, 과학탐구, 직업 탐구 중 상위 1개 과목의 등급 평균 5등급 이내

○ **군산간호대**

일반전형 수능 3개 영역 (국어, 수학, 영어) 중 2개 영역 등급합산이 9등급 이내여야 함. 수학 가형을 선택한 자는 1등급을 가산한 등급을 적용함

○ **군장대**

일반전형 대학수학능력시험 영역 중 언어, 수리, 외국어 3개 영역의 합이 21등급 이내

○ **기독간호대**

일반전형 국어, 수학, 영어, 사회/과학탐구(상위 1과목) 중 3개 영역 이상 5등

급 이내

○ **대구과학대**

일반과정졸업자 1) 영어영역(필수적용)과 국어·수학 중 최우수 영역 1개 과목의 합이 9등급 까지 인정 2) 2019학년도 대학수학능력시험 적용

○ **대구보건대**

일반고 국어, 수학(가형, 나형 중 택1), 영어영역 중에서 2개 영역의 등급 합이 10등급 이내

○ **동강대**

일반/전문과정 졸업자 국어, 영어, 수학영역 중 상위 2개 영역의 등급 합이 12등급이내

○ **마산대**

일반과정 상위 2개 영역 평균 4등급 반영 :국어, 수학, 영어, 탐구(사회/과학 중 2과목) 영역만 반영

○ **문경대**

일반전형 수능 2개 영역 등급 합 12(필수 1개/영어+선택 1/국어, 수학, 한국사)

○ **삼육보건대**

일반고특별전형 국/수/영 중 우수2과목 합 8등급 이내

○ **서영대**

일반계고, 특성화고 국어, 영어, 수학 영역 중 상위 2개 영역 합 10등급

○ 서울여자간호대

인문계고, 전문계고 국어, 영어, 수학중에서 2개 + 탐구2과목 평균 = 3개 영역 평균 4등급이내 또는 합 12

○ 서일대

일반과정, 전문과정 졸업자 국어/영어/수학 3개 과목 등급 평균이 4등급 이내

○ 서정대

일반전형 국어/영어/수학 3개 영역을 합하여 나눈 평균이 6.0등급을 초과할 경우 불합격처리

○ 선린대

일반전형 영어(필수)+국어, 수학, 탐구(사탐/과탐 1개 과목)영역 중 1개 영역 합계 10등급이내

○ 수성대

일반전형 영어, 수학 2개 합이 12등급 이내

○ 안동과학대

일반전형 국어/수학/영어영역중 2과목 + 탐구영역중 최우수 1과목의 등급 합이 15등급 이내

○ 영남이공대

인문계전형 국어/영어/수학/탐구 중 상위 2개 영역의 등급 합이 8등급 이내 (영어 필수 포함)

○ 영진전문대

교과전형(일반과정졸업자) 2과목 합이 8등급 이내

〔영어영역(필수반영)〕+〔국어/수학/탐구 중 우수과목 1과목〕

○ **용인송담대**

일반과정졸업자 국어, 수학 등급 합이 8등급 이내

○ **울산과학대**

인문계고, 특성화고 인문계고 전형 지원자에 한해 수능 영어영역 5등급 이내(5등급 포함)

○ **제주한라대**

수시2차 일반전형 영어 5등급 이내 및 국어, 수학 중 1개 영역 5등급 이내

○ **조선간호대**

일반전형 국어, 영어, 수학(가/나) 각각 5등급 이내(가/나 택 1)

○ **진주보건대**

대학자체 국어, 수학, 영어 중 1개 영역이 5등급 이내 한국사는 필수 응시

○ **청암대**

수시2차 일반 국어, 수학, 영어 영역의 합이 17등급 이내 (수학 '가'형 응시자는 1등급 상향적용)

수시2차 연계전형 영어영역 5등급 이내 + 국어 또는 수학영역이 6등급 이내 (수학 '가'형 응시자는 1등급 상향적용)

○ **충청대**

일반전형 국어, 영어, 수학 영역중 상위2개 영역의 합이 9등급 이내(단, 영어영역은 필수 반영)

○ **한림성심대**

일반전형, 일반고출신자 국어/수학/영어 중 최우수 2개 영역의 합산등급이 8등급 이내인 자

2) 면접 실시 전문대학 간호학과

○ 가톨릭상지대 일반전형, 대학자체 20

○ 강동대 일반/전문과정졸업자 40

○ 거제대 추천자 100

○ 거창대 특별전형 100

○ 경복대 일반전형, 일반/특성화고졸업자, 특기자, 사회지역배려자 20 비교과 90

○ 경북과학대 일반고, 특성화고, 대학자체 10

○ 경북전문대 일반전형, 지역인재 20

○ 계명문화대 일반고, 특성화고 20

○ 구미대 일반전형, 특별전형 4.8

○ 군산간호대 추천자 및 사회지역우선(지역인재)/ 관련경력자(간호조무사) 50

○ 군장대 일반전형, 대학자체 50

○ 김해대 대학자체 30

○ 대경대 일반전형 30

○ 대동대 일반고, 특성화고, 대학자체 30

○ 대원대 대학자체 50

○ 동원과기대 일반고, 특성화고, 독자전형 30

○ 동주대 일반고, 특성화고 20

○ 목포과학대 일반전형, 대학자체 25

○ 문경대 일반전형, 대학자체 30

○ 백석문화대 일반전형, 특별전형, 사회지역 30/비교과입학전형 60
○ 부산과기대 일반고, 특성화고 등 졸업자 20
○ 부산여대 특성화고 30
○ 부천대 일반고 등 졸업자 25
○ 삼육보건대 SDA추천 30
○ 서라벌대 일반전형 20
○ 서울여자간호대 독자전형 50
○ 서정대 일반전형 33.3
○ 세경대 일반전형 50
○ 송호대 일반전형(수시 1차), 일반고 등 33.3
○ 수성대 일반전형 14/대학자체 12
○ 수원여자대 일반전형 60
○ 안동과학대 일반전형, 대학인재, 지역인재 20
○ 영남이공대 인문계전형 4.8
○ 영진전문대 학생부종합 18.5/비교과전형 40
○ 우송정보대 일반전형 20
○ 원광보건대 일반, 특성화고, 지역고교 20
○ 전북과학대 일반전형 20
○ 제주관광대 일반전형 20
○ 제주한라대 일반전형 20
○ 창원문성대 일반고, 특성화고 5
○ 충북보건대 일반전형 대학자체 25
○ 충청대 일반전형 20
○ 포항대 일반전형, 특별전형 7
○ 한림성심대 일반전형, 일반고 25/추천자 20
○ 한영대 일반전형, 대학자체 33

○ 혜전대　　　　　　　학생부종합 30
○ 호산대　　　　　　　일반전형, 일반과정, 전문과정, 추천자 50

3) 특성화고, 전문과정 선발 전문대학 간호학과

(1) 특성화고

경남정보대 경복대 경북과학대 경인여자대 계명문화대 대동대 동원과기대 동주대 두원공과대 부산과기대 부산여대 삼육보건대 서영대 수원과학대 울산과학대 원광보건대 창원문성대 등

(2) 전문과정

강동대 광주보건대 대구과학대 대전과기대 동강대 동남보건대 동의과학대 마산대 서일대 영진전문대 춘해보건대 호산대 등

4. 2019학년도 전문대학 간호학과 정시전형(일반전형)

〈표 22〉 2019학년도 전문대학 정시전형(일반전형)

대학명	입학정원	정시인원	전형방법		수능 반영지표	수능반영영역						비고 (세부반영방법)
			수능	학생부		반영영역수	국어	수학	영어	사/과/직	한국사	
가톨릭 상지대	130	16	50	50	백	3	40	40	40	20	가산점	국영수 중 우수 2개 영역 탐1
강동대	80	10	40	60	석차등급	2	50	50	50	50	50	우수2영역(제2외국어/한문50 인정)
강릉 영동대	150	30	60	40	-	4	○	○	○	○	-	국, 영, 수 중 우수 2개과목+사탐,과탐,직탐 중 우수과목 2개 등 총 4과목 반영
※강원 관광대	60	10	50	50	석차등급	4	25	25	25	25(과학)	-	-
거제대	80	5	100	-	백	3	50	50	50	-	-	국어,수학,영어 중 우수2과목 반영
경남도립 거창대	40	10	60	40	석차등급	2	50	50	50	-	-	국어/수학 중 1개 영역(50)+영어(50)
경남 정보대	75	8	50	50	백/등급	3	33.3	33.3	33.3	33.3	응시 여부	4과목 중 최고 3개 과목 반영
경민대	75	11	60	40	백	2	50	50	50	50	-	최우수 2개 영역 백분위 평균점수 반영. 탐1. 영어 등급 백분위 환산
경복대	269	54	100	-	백	2	50	50	50	50/사과	응시 필수	탐1

대학명	입학정원	정시인원	전형방법		수능 반영지표	수능반영영역						비고 (세부반영방법)
			수능	학생부		반영영역수	국어	수학	영어	사/과/직	한국사	
경북 과학대	120	12	70	30	등급	3	33.3	33.3	33.4	-	-	국어, 영어, 수학 영역 등급을 반영
경북 보건대	200	40	70	30	백	3	33.3	33.3	33.3	-	-	-
경북 전문대	155	15	60	40	표준	4	30	20	30	20(택1)		한국사/탐구영역 중 1과목
경인 여자대	150	85	60	40	백	3	50	50	50	50	-	국어, 수학, 영어영역 중 우수2개 영역, 탐구영역 중 우수 1개 과목 적용
계명 문화대	84	15	62	30/면접8	등급	5	○	○	○	○	○	본인이 응시한 전체영역 평균등급 반영. 자격증 부가점수(최대20점)
광주 보건대	98	16	60	40	백	3	33.3	33.3	33.3	33.3	-	국영수 중 상위 2탐구 1과목
구미대	165	7	47.6	47.6/면접 4.8	등급	2	50	50	50	-	-	최우수 2개 영역
군산 간호대	221	57	60	40	표준	3	33.3	33.3	33.3	33.3/사과	-	최우수 3개 영역 반영
※ 군장대	75	7	50	50	표준	4	25	25	25	25	-	탐구 1과목/ 수학(가) 20% 가산점
기독 간호대	111	51	80	20	표준	3	33.3	33.3	33.3	33.3/사과	-	4개 영역 중 상위 3개 영역 수학(가형)의 경우 10% 가산점
김해대	90	5 (야)	-	100	-	-	-	-	-	-	-	학생부 등급 산출 가능한 과목만 반영

대학명	입학정원	정시인원	전형방법		수능 반영지표	수능반영영역						비고 (세부반영방법)
			수능	학생부		반영영역수	국어	수학	영어	사/과/직	한국사	
대경대	89	9	35	35/면접 30	등급	2	-	50	50	-	-	2개 영역 50%씩 반영
대구 과학대	230	50	50	50	등급	3	33.3	33.3	33.3	33.3	-	국영수 3개 영역 중 최우수 영역 2과목 반영. 탐구 1과목
대구 보건대	170	40	50	50	등급	4	25	25	25	25	25	국어/수학/영어중 상위 2개 영역 등급+한국사+탐구 최우수1과목
대동대	190	10	70	면접 30	백분위/ 등급환산 점수 (영어)	4	25	25	25	25/사과	-	사회/과학 중 우수 과목 25% 반영
대원대	100	20	50	50	백분위	2	50	50	-	-	-	-
대전 과학기술대	200	60	60	40	등급	2	50	50	50	50	50	최우수 2개 영역반영(단, 한국사/사회탐구/과학탐구영역은 최대 1개 영역만 반영가능)
대전 보건대	90	23	60	40	백분위	2	50	50	50	50	-	국어, 수학, ,영어, 탐구 중 최우수 2개 과목 백분위 평균점수를 반영.
동강대	150	25	80	20	등급	2	50	-	50	-	-	-
동남 보건대	120	84	85	15(비교과)	백	4	29.4	29.4	29.4	11.8	-	영어 + 한국사 + 국/수/탐 중 최우수 영역 2개 반영
동아 보건대	120	12	50	50	등급	2	50	-	50	-	-	-
동원 과학기술대	85	10	1차 수50+학30+면20 2차 1차70+면접30		등급	2	50	50	50	50	-	국/영/수 중 최우수 영역 1개 + 탐구영역 중 최우수 과목 1개

대학명	입학정원	정시인원	전형방법		수능 반영지표	수능반영영역						비고 (세부반영방법)
			수능	학생부		반영영역수	국어	수학	영어	사/과/직	한국사	
동의 과학대	80	6	50	50	백	3	33.3	33.3	33.3	33.3	-	최우수 3개 영역/탐구1개 영역 수학(가) 10% 가산
동주대	70	7	50	50	등급	3	33.3	33.3	33.3	33.3	33.3	최우수 3개 영역반영 (단, 탐구영역 반영 시 1과목 반영)
두산 공과대	120	45	100	-	백	2	50	50	50	50/사과	-	전 영역(과목) 중 최상위 2개 영역 백분위 점수
마산대	210	20	60	40	등급	2	50	50	50	50	-	상위 2개 영역 반영(단, 탐구영역은 2개정원내 과목 평균)
목포 과학대	120	2	-	75/면접 25	-					-	-	-
문경대	120	10	70	30	백	2	50	50	50	-	가산점	영어필수 + 국어, 수학 중 상위1 + 한국사 가산점
백석 문화대	160	32	40	30/면접 30	등급	2	50(택 1)			50		최우수 2개 영역(제2외국어제외) 탐구영역 최대1개 과목 반영
부산 과학기술대	70	2	50	40/면접 10	백	3	33.3	33.3	33.3	33.3	33.3	최우수 3개 영역 반영(탐구영역은 최우수 1과목 1개 영역으로 처리)
부산 여자대	115	8	40	40/ 출결20	수능등급	3	33.3	33.3	33.3	33.3	-	국어, 수학, 영어 택2+탐구 텍1
부천대	50	20	70	30	백	2	50	50	50	50	-	국어, 영어, 수학, 탐구 4개 영역 중 최우수 2개 영역 반영(탐구 1)
삼육 보건대	100	68	100	-	백분위 +합산 점수	4	40	40	30	25	5	국/수중우수과목1개(백분위)+영어(환산점수)+ 탐구영역 중 우수과목 1개(백분위) + 한국사(환산점수)

대학명	입학정원	모집인원	전형방법		수능 반영지표	수능반영영역						비고 (세부반영방법)
			수능	학생부		반영영역수	국어	수학	영어	사/과/직	한국사	
서라벌대	60	1	50	40/ 면접10	백분위	3	33.3	33.3	33.3	-	-	수학㉮ 가중치 10%
서영대	155	6	60	40	등급	2	50	50	50	-	-	국어, 영어, 수학 영역 중 상위 2개 영역 평균등급 반영
서울여자 간호대	171	90	100	-	표준	3	33	34	33	33	필수	영어(필수) +국어, 수학 중에서 1개 + 탐구 2과목/ 한국사는 동점자 처리 기준 기산점 수학(가) 5%, 과탐 10%
서일대	95	34	80	20	백	3	66.6			33.3	가산점	국어, 영어, 수학 중 최우수 2개 영역과 탐구영역 최우수 1과목 반영.
서정대	79	40	50	50	표준	2	50	50	-	50	-	최우수 2개 영역 반영
선린대	200	10	70	30	표준	3	34	33	33	-	-	영어영역 절대평가에 따른 원점수 등급 반영/ 가산점 수학(가) 15%
※세경대	40	4	100	-	등급	3	70			30	-	국수영 중 2과목 탐구 1과목
송곡대	74	15	100	-	등급	2	50	50	50	-	-	우수 2개 과목의 평균 등급 반영
송호대	50	1	100	-	등급	4	30	30	30	10	10	국수영 3개 영역 + 탐구 제2외국어 한국사 중 우수 1 영역
수성대	110	20	43	43/면접14	등급	2	-	50	50	-	-	-

대학명	입학정원	모집인원	전형방법		수능 반영지표	수능반영영역						비고 (세부반영방법)
			수능	학생부		반영영역수	국어	수학	영어	사/과/직	한국사	
수원 과학대	80	40	60	40	백	4	20	30	30	20/사과	-	국수영탐(100%)
수원 여자대	150	70	100	-	백	3	33.3	33.3	-	33.3	-	가산점 영어 2등급 이상 총점 5점
순천 제일대	40	2	100	-	등급	4	25	25	25	25	-	과탐 1과목
신성대	110	20	100	-	백	4	25	25	25	25	-	국어,영어,수학,탐구 과목 반영
안동 과학대	200	20	60	40	표준	3	33.3	33.3	33.3	33.3	-	국,수,영 중 2과목 + 탐구 영역 중 최우수 1과목(3개 영역 평균 표준점수)
안산대	160	104	50	50	백	2	a	a	a	b	-	a영역 중 1개 영역(50%)+b(탐구) 영역 중 세부 1개 과목(50%)
여주대	90	48	100	-	백	3	33.3	33.3	33.3	-	-	국어, 영어, 수학 3개 영역 반영
영남 외국어대	45	3	50	50	표준	4	25	25	25	25(1과목)	-	-
영남 이공대	145	55	96.8	면접 3.2	백	4	20	30	30	20(택1)	-	정원내 특별전형(수능전형) 가산점 수학(가) 15% 기본점수 200점+4개 영역의 백분위 합
영진 전문대	80	24	66.7	33.3	백	5	25	25	25	12.5	12.5	탐구 1과목 백분위 점수1/2 반영
용인 송담대	40	25	100	-	등급	2	20	20	20	20(사)/20(과)	-	국/수/영/사탐/과탐 중 최우수 2개 영역 등급 반영

대학명	입학정원	모집인원	전형방법		수능 반영지표	수능반영영역						비고 (세부반영방법)
			수능	학생부		반영영역수	국어	수학	영어	사/과/직	한국사	
※ 우송 정보대	80	6	50	50	석차등급	2	50	50	50	50	-	우수 2개 영역(탐구 1과목 반영)
울산 과학대	95	20	60	40	석차등급	4	25	25	25	25	-	탐구 최우수 2개 과목
원광 보건대	140	40	○	○/면접○	표준	2	50	50	-	50	-	국어/수학 중 우수 1과목 + 탐구영역 2과목 표준점수의 합을 반영
인천 재능대	50	30	100	-	백	3	50	50	가산점	50	응시여부	최우수 2개 과목 백분위 반영
전남 과학대	158	32	50	50	석차등급	2	○	-	○	-	-	-
전북 과학대	70	8	60	40	등급	3	33.3	33.3	33.3	33.3	미적용	국수영탐 중 3개 과목 반영
전주 비전대	85	5	-	-	백	5	25	25	25	12.5	12.5	-
제주 관광대	50	25	80	면접 20	백	2	50	50	50	50	-	최우수 2과목 각 50%씩 반영. 단 국어,영어,수학 중 한 과목을 선택
제주 한라대	200	100	80	면접 20	백	5	20	20	20	20	20	절대평가 영역의 경우 환산점수 반영. 탐구 1과목
조선 간호대	139	42	60	40	표준	3	30	30	40	-	-	가산점 수학(가) 10%
진주 보건대	250	20	60	40	석차등급	3	33.3	33.3	33.3	33.3	가산점	국어, 수학, 영어영역 중 2개 탐구영역 1개합의 평균등급 반영

대학명	입학정원	모집인원	전형방법		수능 반영지표	수능반영영역						비고 (세부반영방법)
			수능	학생부		반영영역수	국어	수학	영어	사/과/직	한국사	
창원 문성대	70	10	60	40	등급	2	50	50	50	-	-	국영수 중 2개 과목
청암대	200	20	60	40	등급	4	30	30	30	10	-	가산점 수학(가) 10%/탐구 1과목
춘해 보건대	220	10	60	40	등급	3	25	25	25	25	응시 여부	탐구 1과목
충북 보건과학대	75	10	80	면접 20	등급	4	○	○	○	○	-	탐구 1과목
충청대	90	20	40	35/면접20 /출석5	백	5	20	20	20	20	20	탐구 1과목
포항대	74	3	48	48/면접4	백	4	25	25	25	25	-	-
한림 성심대	69	39	100	-	백	4	25	25	25	25	-	탐구 1과목
※ 한영대	40	3	40	40/면접20	표준	1	100	-	-	-	-	-
혜전대	110	20	60	40	등급	3	-	30	50	20	-	대학지정
호산대	148	30	50	50	백	2	-	50	50	-	-	가산점 수학(가) 15%

5. 2019학년도 전문대학 간호학과 입시전형별 선발인원 총괄표

〈표 23〉 2019학년도 전문대학 간호학과 모집인원 총괄표

대학	모집인원	수시	정시 (정원내)	수시전형별 모집인원 (정원내)				수시전형별 모집인원 (정원외)		
				일반 (고교)전형	대학 자체기준	전문과정 졸업자	특성화고	농어촌	전문대 이상 졸업자	수급자 및 차상위
가톨릭 상지대	130	104	26 (일반16,자체10)	88 (1차51, 2차31)	16 (1차8, 2차8)	-	-	4	30	2
강동대	80	70	10	62	-	8	-	6	18	8
강릉 영동대	150	120	30	120 (일반10 일반고교110)	-	-	-	15	45	10
거제대	80	75	5	51 (1차48, 2차3)	24(추천자)	-	-	2	14	-
거창대	40	30	10	-	30	-	-	-	2	-
경남 정보대	75	68	8	64	-	-	3	4	22	6
경민대	75	64	11	64	-	-	-	5(2)	10(12)	8(7)
경복대	269	215	54	131 (1차111, 2차20)	14(사회지역 배려자 1차6, 2차8) 40(비교과 입학전형)	-	27 (1차15, 2차12)	17	80	9
경북 과학대	120	108	12※	90	12	-	6	10	27	22
경북 보건대	200	160	40※	160	-	-	-	6	48	6

대학	모집인원	수시	정시(정원내)	수시전형별 모집인원 (정원내)				수시전형별 모집인원 (정원외)		
				일반(고교)전형	대학 자체기준	전문과정 졸업자	특성화고	농어촌	전문대 이상 졸업자	수급자 및 차상위
경북 전문대	155	140	15	128 (1차78,2차50)	12(자체2, 지역인재10)	-	-	10	46	3
경인 여자대	150	65	85	56 (1차35,2차21)	-	-	9 (1차6,2차3)	4 (1차2,2차2)	45 (1차28,2차17)	2 (1차1,2차1)
계명 문화대	84	69	15	67 (1차48,2차19)	-	-	2 (1차1,2차1)	4 (1차2,2차2)	17 (1차9,2차8)	5 (1차3,2차2)
광주 보건대	98	82	16※	68	4	10	-	학과별정원 10% 이내	20	학과별정원 20% 이내
구미대	165	153	12	43	110	-	-	15	47	28
군산 간호대	221	154	67	129	25	-	-	4	52	4
군장대※	75	68	7	57	11	-	-	6	21	14
기독 간호대	111	60	51	60	-	-	-	2	23	1
김해대	90	85	5	-	85	-	-	9	27	4
대경대	89	80	9	80	-	-	-	8	26	10
대구 과학대	230	178	52	173	-	5	-	9	46	9
대구 보건대	170	130	40	125	5	-	-	14	44	13

대학	모집인원	수시	정시 (정원내)	수시전형별 모집인원 (정원내)				수시전형별 모집인원 (정원외)		
				일반 (고교)전형	대학 자체기준	전문과정 졸업자	특성화고	농어촌	전문대 이상 졸업자	수급자 및 차상위
대동대	190	179	11	167	7	-	5	2	35	2
대원대	100	80	20	10	70	-	-	10	10	-
대전 과기대	200	140	60	130	6	4	-	20	48	40
동강대	150	125	25	105	-	20	-	6	35	2
동남 보건대	120	36	84	33 (1차22,2차11)	-	3 (1차2,2차1)	-	5 (1차4,2차1)	23 (1차14,2차9)	1
동아 보건대	120	108	12	27	81 (지역인재54, 독자27)	-	-	12	36	10
동원 과기대	85	75	10	70	2	-	3	8	25	5
동의 과학대	80	60	20 (일반6, 자체14)	52	3	5	-	8	16	16
동주대	70	63	7	58 (1차38, 2차20)	2(1차)	-	3 (1차2, 2차1)	5	21	10
두원 공과대	120	75	45	65	8 (자체6, 추천자2)	-	2	-	34	-
마산대	210	179	31 (일반20,수능상위자11)	159	-	20	-	20	60	30
목포 과학대	120	114	6 (일반2, 자체4)	38	76	-	-	11	35	11
문경대	120	110	10	95 (1차70, 2차25)	15 (1차10, 2차5)	-	-	7 (1차4, 2차3)	30 (1차15, 2차15)	10 (1차5, 2차5)
백석 문화대	160	128	32 (일반30, 특별2)	98 (1차50, 2차48)	30 (지역 8)	-	-	9	22	9

대학	모집인원	수시	정시(정원내)	수시전형별 모집인원 (정원내)				수시전형별 모집인원 (정원외)		
				일반(고교)전형	대학 자체기준	전문과정 졸업자	특성화고	농어촌	전문대 이상 졸업자	수급자 및 차상위
부산과기대	70	67	3	60 (1차54, 2차6)	-	-	7 (1차6, 2차1)	7	21	14
부산여대	115	107	8	102	-	-	5	2	33	-
부천대	50	30 (10)	20	30 (1차20, 2차10)	-	-	-	5 (1차3,2차2)	13 (1차8,2차5)	10 (1차5,2차5)
삼육보건대	100	32	68	20	10	-	2	2	13	-
서라벌대	60	59	1	59 (1차39, 2차20)	-	-	-	2	18	3
서영대	155	149	6	137	-	-	12	6	41	16
서울여자간호	171	77	94	60	14	-	3	3	30	-
서일대	95	60	34	56	-	4	-	3	28	4
서정대	79	39	40	39(11)	-	-	-	6	22	14
선린대	200	180	20	180(1차)	-	-	-	20	30	8
세경대※	40	36	4	36	-	-	-	2	12	3
송곡대	74	64	10	15	49 (일반고졸업자)	-	-	5	20	4
송호대	50	49	1	6	43(일반고)	-	-	1	15	3
수성대	110	90	20	88	2	-	-	11	25	8

대학	모집인원	수시	정시 (정원내)	수시전형별 모집인원 (정원내)				수시전형별 모집인원 (정원외)		
				일반 (고교)전형	대학 자체기준	전문과정 졸업자	특성화고	농어촌	전문대 이상 졸업자	수급자 및 차상위
수원 과학대	80	40	40	38	-	-	2	4	-	8
수원 여자대	150	80	70	80 (1차40, 2차40)	-	-	-	4	10	-
순천 제일대	40	38	2	35	3	-	-	4	12	4
안동 과학대	200	160	40	130	30(자체10, 지역20)	-	-	5	40	2
안산대	160	56	104	36	20(추천자)	-	-	12	16	8
여주대	90	42	48	42	-	-	-	5	25	-
영남외국어대	45	40	5	24 (1차15, 2차9)	16 (1차9, 2차7)	-	-	3	9	8
영남 이공대	145	90	55	90 (1차80, 2차10)	-	-	-	10	21	9
영진 전문대	80	54	26	44	7 (면접3, 잠재능력2, 외국어2)	3	-	6	20	15
용인 송담대	40	15	25	15 (1차10,2차5)	-	-	-	2	-	4
우송정보대※	80	74	6	74	-	-	-	8	15	15
울산 과학대	95	95	20	74	-	-	1	2	-	-
원광 보건대	140	97	43	36	44 (리더쉽7, 글롭원7, 지역30)	-	17	4	32	1
인천 재능대	50	20	30	20	-	-	-	-	15	10

대학	모집인원	수시	정시(정원내)	수시전형별 모집인원 (정원내)				수시전형별 모집인원 (정원외)		
				일반(고교)전형	대학 자체기준	전문과정 졸업자	특성화고	농어촌	전문대 이상 졸업자	수급자 및 차상위
전남 과학대	158	126	32	126	-	-	-	12	37	25
전북 과학대	70	62	8	62	-	-	-	6	18	13
전주 비전대	85	68	17	41(일반21,일반과정20)	27	-	-	7	24	16
제주 관광대	50	25	25	25	-	-	-	5	10	5
제주 한라대	200	100	100	100	-	-	-	20	20	20
조선 간호대	139	97	42	97	-	-	-	4	27	1
진주 보건대	250	230	20	80	150	-	-	20	60	6
창원 문성대	70	60	10	59	-	-	1	7	19	3
청암대	200	180	20	40 (2차)	100 (일반과정)	20 (연계)	20	20	10	10
춘해 보건대	220	210	10	106	95	9	-	20	65	9
충북 보건대	75	65	10	60 (1차35, 2차25)	5(1차)	-	-	7	22	4
충청대	90	70	20	70 (1차50, 2차20)	-	-	-	9 (1차6,2차3)	24 (1차24,2차24)	7 (1차3,2차4)
포항대	74	70	4	49 (1차46,2차3)	21 (1차20,2차1)	-	-	5	22	3

대학	모집인원	수시	정시(정원내)	수시전형별 모집인원 (정원내)				수시전형별 모집인원 (정원외)		
				일반(고교)전형	대학 자체기준	전문과정 졸업자	특성화고	농어촌	전문대 이상 졸업자	수급자 및 차상위
한림성심대	69		39	27(7)	10 (일반고7,추천자3)	-	-	6	-	4
한영대 ※	40	36	4	33	3	-	-	2	10	2
혜전대	110	88	22	85 (일반63, 학종22)	3	-	-	10	30	7
호산대	148	118	30	108 (1차82, 2차23)	7 (일반과3, 경력자1, 지역2)	7	-	11	35	7

※ 대졸자 : 전문대학 졸업자 포함

※ 수시전형 중 만학도 및 재직자 전형, 정시전형 중 정원 외 특별전형(농어촌, 전문대 졸 이상, 재외국민 및 외국인 등) 미수록

나 가 는 글

내가 진학컨설팅을 하는 이유

유교의 대표적 인물인 고대 중국 춘추시대의 정치가, 사상가, 교육자인 공자(孔子 기원전 551년 ~ 479년)는 인생의 세 가지 즐거움을 이렇게 말하고 있다.

> 첫째. 배우고 때때로 익히면, 이 또한 기쁘지 아니한가 ?
> (學而時習之不亦說乎 학이시습지 불역열호)
> 둘째. 뜻이 맞는 벗이 멀리로 부터 찾아오니, 이 또한 즐겁지 아니한가 ?
> (有朋自遠方來不亦樂乎 유붕자원방래 불역낙호)
> 셋째. 남이 나를 알아주지 않아도 성내지 않으니, 이 또한 군자가 아니던가 ?
> (人不知而不慍不亦君子乎 인부지이불온 불역군자호)

공자의 인생삼락에 비견할 수 없지만 생활에도 의미 있는 즐거움이 있다. 현대 사회에서 각자의 환경에 따라 인생에서 느끼는 즐거움에 관한 관점은 서로 다를 수 밖에 없다. 인생의 즐거움은 무엇인가? 재물, 명예, 배움, 건강, 사랑, 우정, 여행, 미식 ……

나의 소견으로는 좋은 배필을 맞아 희노애락과 동고동락을 함께 하는 결혼을 성사시켜 주는 중매, 졸업 후 사회 진출에 도움을 주는 취업알선, 청소년기의 전환점이며 학문의 초입이 되는 진학컨설팅 이 세 가지도 나름 인생의 즐거움이 아닐까? 내가 진학컨설팅을 하는 세 가지 이유는 첫째 재미와 즐거움, 둘째 기쁨과 보람 셋째 자긍심과 존재감 때문이다.

첫째, 재미와 즐거움

'천재는 노력하는 자를 이길 수 없고, 노력하는 자는 즐기는 자를 이길 수 없다'고 공자는 논어 편에서 말하고 있다. 수험생과 학부모는 모든 관심과 시선이 입시의 결과에 집중되어 있지만 나의 경우에는 진학컨설팅이 커다란 재미와 흥미를 유발시킨다. 입시 상담 순서를 간략하게 설명하면 일차적으로 수험생과 학부모와 개괄적인 상담을 하고나면 모의고사 성적, 학교생활기록부, 적성검사를 제출 받는다. 이차적으로 서류를 세심하게 검토하고 지원하고자 하는 대학과 전공을 점검하고 나름대로의 조사를 바탕으로 진학컨설팅보고서를 작성한다. 최종적으로 수험생과 학부모 상담을 통해 입시 전략을 자세하게 설명한다. 이 과정에서 최적의 입시전형을 찾기 위해 시간 가는 줄도 모르고 간혹 밤을 새기도 하고, 동원 할 수 있는 모든 정보와 자료를 총동원하여 최종 점검을 한다.

둘째, 기쁨과 보람

"우리 딸 00대 간호학과에 합격해서 등록 했어요. 감사합니다. 선생님의 조언 덕에 대학생활 열심히 하는 일만 남았네요. 항상 건강 하세요" 어느 수험생 어머니의 핸드폰 감사 문자이다. 누구도 이 문자를 받은 나의 기쁨과 보람을 알지 못한다. 내가 진행하는 진학컨설팅이 유일무이한 최고, 최선은 절대 아니다. 다만 알고 있는 경험과 지식을 활용하여 최고는 아니지만 최적을, 최대는 아니지만 최선을 찾고자 노력한다. 비록 풍족한 경제적 소득과 전국적인 유명세와 직접 연결되지 않는다 할지라도 진학컨설팅에 관한 기쁨과 보람은 나만의 원동력이다. 특히 진학컨설팅의 기쁨과 보람은 중하위권 수험생이 실력 보다 상위 대학에 진학할 때 배가 된다. 진학상담을 진행하면서 아쉬운 점은 수험생과 학부모가 본인의 성적과 스펙에 상관없이 지원하려는 대학에 합격하리라는 막연한 환상을 가진다는 사실이다. 그런 연유로 진학상담의 핵심적인 질문은 수험생과 학부모가 허용할 수 있는 최소한 합격이 담보될 수 있는가의 여부이다.

셋째, 자긍심과 존재감

친척의 권유로 입시학원에서 시작된 진학상담은 인생에서 새로운 분야를 만나는 기회를 가질 수 있었다. 평소에도 교육과 진학에 관심이 있어 주변에 도움을 주었지만,

본격적으로 진학과 입시를 공부하기 시작했다. 유명한 진학안내서를 모조리 탐독하고, 부지런히 입시설명회를 참관하고, 유명 강사의 동영상을 보면서 진학컨설팅에 관한 내공을 넓혀 나갔다. 스티브 잡스는 '내가 계속 일을 할 수 있었던 유일한 이유는 내 일을 사랑했기 때문이다. 여러분도 사랑하는 일을 찾아야 한다. 당신이 사랑하는 사람을 찾아야 하듯이 일 또한 마찬가지다.'며 직업가치의 중요성을 역설하고 있다. 진학컨설팅을 하면서 나를 필요로 하는 누구에겐가 작은 도움을 줄 수 있다는 자긍심과 존재감은 느껴 보지 않은 사람은 정말 알 수가 없다.

현행 우리나라 대학입시제도는 공통분모는 상존하되 입시의 핵심인 개별분자의 확보는 각자의 능력에 따라 판이하게 나타난다. 인기 있는 입시설명회에 참석하고, 유명 입시전략서를 탐독하고, 공신력 있는 입시사이트를 검색해도 가장 중요한 내 자녀와 합치되는 정보는 거의 없다. 60만 명이 넘는 대학 입시생의 동일한 학생부와 수능성적 그리고 스펙은 존재 할 수가 없으며 지원하는 대학, 학과, 전형방법, 전형시기, 성적반영비율, 대학이 바라는 인재상에 따라 여러 가지 경우의 수로 나누어진다. 이것이 수험생의 개별 진학컨설팅이 필요한 이유이며 내가 진학컨설팅을 하는 해답이기도 하다. 대학입시에서 선한 사마리아인은 아니어도 최소한 나쁜 사마리아인은 되지 말자. 나의 마음에 항상 새기고 있는 '넘치면 겸손하고 부족하면 채우라'는 문구처럼 입시 정보가 부족하여 나를 필요로 하는 수험생과 학부모에게 작은 도움이라도 되길 소망한다.

2018. 6.
인천진학연구소
진학큐레이터 박경원

부록

부록

I. 2020학년도 대학입학전형 기본사항
II. 전국 대학병원 리스트
III. 전국 상급종합병원 리스트
IV. 전국 대학 치위생학과 정보

Ⅰ. 2020학년도 대학입학전형 기본사항

□ 일반대학

○ 학생 · 학부모가 이해하기 쉽도록 대입 전형명칭 표준화

○ 대학입학전형 관련 기록물 보존기간 안내 : 10년

○ 체육특기자 특별전형의 공정성 · 투명성 제고

— 학생부 반영 의무화, 모집인원 명시 의무화, 평가위원 구성기준 강화

한국대학교육협의회는 대학 총장, 시 · 도 교육감, 고교 교장, 학부모 등이 위원으로 참여하고 있는 "대학입학전형위원회"의 심의 · 의결을 거쳐『2020학년도 대학입학전형 기본사항』을 8월 30일(수) 수립 · 발표했습니다.

대학입학전형위원회는 대입전형 운영의 안정성을 가장 중요하게 고려하여, 기존 대학입학전형기본사항의 기본 틀 내에서 내용적 일관성이 유지될 수 있도록 했으며, 수험생이 대입전형을 쉽게 이해하고, 대학이 대입전형 업무를 안정적으로 추진할 수 있도록 기여하는 데에 초점을 두었다고 밝혔습니다.

대학입학전형위원회는 T/F팀을 구성하여 시안을 마련하였고, 이를 토대로 지역별 입학관리자협의회 간담회, 대학 · 교육청의 설문조사 등 다양한 방식으로 의견을 수렴하여 2020학년도 대학입학전형기본사항을 최종 확정했는데요.

그럼,『2020학년도 대학입학전형기본사항』의 주요 내용을 살펴볼까요?

1. 학생 · 학부모가 이해하기 쉽도록 대입 전형명칭 표준화

● 수험생과 학부모의 원활한 대입준비를 돕기 위하여 전형명칭을 이해하기 쉽도록 표준화할 것을 권장함

— 전형명칭은 대학이 자율로 정하되, 유형을 통일하여 표기할 것을 권장함

예) 학생부종합(○○인재전형), 실기(△△전형) 등

◆ 대학별로 다른 전형명칭으로 인해 학생 · 학부모가 혼란스러웠던 점이 해소되고,

대입전형의 유형을 명확하게 파악할 수 있을 것으로 기대됨.

2. 대학입학전형 관련 기록물 보존기간 안내 : 10년

● 「대학 기록물 보존기간 책정기준 가이드」*를 준용하여 대입전형의 공정성과 투명성을 제고하기 위해 전형관계 서류의 보존 기간을 기존 '4년'에서 '10년'으로 안내함

* 행정자치부 · 국가기록원 발간, 「2015년 대학 기록물 보존기간 책정기준 가이드」, 2015년 7월.

3. 체육특기자 특별전형의 공정성 및 투명성 제고

● 체육특기자의 전인적 성장을 도모하고 학습 및 진로 · 진학지원을 통해 '공부하는 체육특기자' 육성을 위한 「체육특기자 제도 개선방안」*을 반영함

* 교육부, 「학습권 보장을 위한 체육특기자 제도 개선방안 발표」, 2017년 4월.

● 기존에는 권장사항이었던 '학생부 반영', '종목별, 포지션별 모집인원 모집요강 명시' 등을 의무화하였고, 면접/실기평가의 평가위원 구성기준을 강화함

— 학생부 반영 시 반영비율 및 평가기준을 모집요강에 명확히 공개해야 함.(교과 성적 및 출석 반영 필수, 반영비율은 대학 자율 설정)

— 단체종목은 포지션별, 개인종목은 종목별 모집인원을 모집요강에 명시해야 함.

— 면접/실기평가 시 평가위원 3인 이상 참여, 타 대학교 교수 반드시 1인 이상 참여 필수화

◆ 앞으로 '체육특기자 특별전형' 선발과정의 공정성과 전형운영의 투명성이 강화될 것으로 기대됨.

4. 전형 일정

● 수시모집

— 원서접수는 2019.9.6.(금)~9.10.(화) 사이에 대학이 자율적으로 3일 이상 실

시하며, 총 전형기간은 2019.9.11.(수)~12.9.(월) 사이

※ 재외국민과 외국인 특별전형은 2019.7.1.(월) ~ 7.10.(수) 사이에 원서접수를 실시하며, 재외 한국학교 및 해외 소재 고등학교 등의 학사일정을 고려하여 7~8월 중 전형 실시를 권장함.

● 정시모집

— 원서접수는 2019.12.26.(목)~12.31.(화) 사이에 대학이 자율적으로 3일 이상 실시하며, 총 전형기간은 2020.1.2.(목)부터 1.30.(목)까지임

● 추가모집

— 원서접수는 2020.2.20.(목)~27.(목) 사이에 원서접수, 전형, 합격자 발표를 진행하며, 2020.2.28.(금) 등록까지 진행함.

□ 전문대학

한국전문대학교육협의회는 '2020학년도 전문대학 입학전형 기본사항' 을 9.4.(월) 발표하였다.

— 2020학년도 기본사항은 정부정책과 연계한 '입학전형 간소화 방안'을 대폭 추진함으로써 수험생 · 학부모의 입시부담을 완화하고 공교육을 활성화하는데 기여하며, 고등직업교육 중심기관으로서 전문대학 특성에 맞는 입학전형 확대와 직업교육 진흥에 부응할 수 있는 입시제도 운영 등 전문대학이 능력중심사회 실현을 이끌어 나가기 위한 방향으로 수립되었음.

— 직업 전망과 학과 경쟁력을 기준으로 전문대학을 선택하는 학생들을 선발하기 위해 전문대학의 2020학년도 수시모집인원 비중을 확대하고, 전문대학의 사회적 책무성 제고와 교육복지를 실현하기 위해 사회 · 지역배려자 등을 대상으로 한 '고른 기회 입학전형'을 2020학년도에도 지속적으로 확대하도록 할 계획임.

— 이번 기본사항은 전국 입학관리자 회의를 비롯하여 고등학교 교사 및 교육청 관계 장학사와의 자문회의에 이어서 전문대학 총장, 학부모 대표, 시·도교육청 교육감, 고교교장 등으로 구성된 '전문대학 입학전형위원회'의 심의를 거쳐 최종 확정되었음.

— 2020학년도 전문대학 입학전형 기본사항은 한국전문대학교육협의회 누리집(http://www.kcce.or.kr) 및 전문대학 포털(http://www.procollege.kr)에서 자세히 확인할 수 있으며, 책자배포 및 설명회 등을 통하여 안내할 계획임.

※ 출처 한국대학교육협의회, 한국전문대학교육협의회

II. 전국 대학병원 리스트

○ 가천대 가천대길병원(인천)/ 동인천길병원(인천)/ 가천대부속길한방병원

○ 가톨릭관동대 국제성모병원(인천)

○ 가톨릭대 가톨릭성모인천병원(인천)/ 가톨릭대학교성모병원(서울)/ 가톨릭중앙의료원(서울)/ 가톨릭대학교 강남성모병원(서울)

○ 강원대 강원대학교병원(강원 춘천)

○ 건국대 건국대학교병원(서울)/ 건국대학교충주병원(충북 충주)

○ 건양대 건양대학교병원(대전)

○ 경북대 경북대학교병원(대구)/ 칠곡경북대학교병원(경북 칠곡)

○ 경상대 경상대학교병원(경남 진주)

○ 경희대 경희의료원(서울)

○ 계명대 계명대학교동산(대구)

○ 고려대 고려대학교구로병원(서울)/ 고려대학교안산병원(경기 안산)/ 고려대학교안암병원(서울)

○ 고신대 고신대학교복음병원

○ 단국대 단국대학교병원(충남 천안)

○ 대구가톨릭대 대구가톨릭대병원(대구)

○ 동국대(경주) 동국대학교일산병원(경기 일산)/ 동국대학교의과대학경주병원(경북 경주)

○ 동아대 동아대학교병원(부산)

○ 부산대 양산부산대학교병원(경남 양산)/ 부산대학교병원(부산)

○ 서울대 분당서울대학교병원(경기 성남)/ 서울대학교병원

○ 성균관대 삼성서울병원/강북삼성병원(서울)

○ 순천향대 순천향대학교 부속 부천병원(경기 부천)/ 순천향대학교서울병원(서울)/ 순천향대학교천안병원(충남 천안)

○ 아주대 아주대학교의료원(경기 수원)

○ 연세대 연세대학교의과대학세브란스병원(서울)/ 강남세브란스병원

○ 연세대(원주) 원주세브란스원주병원(강원 원주)

○ 영남대 영남대학교병원(대구)

○ 원광대 원광대학교의과대학산본병원(경기 군포)/ 원광대학교병원(전북 익산)

○ 울산대 서울아산병원(서울)/ 울산대학교병원(울산)

○ 을지대 을지대학교병원(대전)/ 을지병원(서울)

○ 이화여대 이화여자대학교의료원(서울)/ 이화여자대학교 의과대학 부속 목동병원/ 이대여성암병원/ 이화여자대학교의료원 새병원

○ 인제대 인제대일산백병원(경기 일산)/ 인제대학교부산백병원(부산)/ 인제대학교상계백병원(서울)/ 인제대학교서울백병원(서울)

○ 인하대 인하대학교의과대학부속병원

○ 전남대 전남대학교병원(광주)/ 화순전남대학교병원(전남 화순)

○ 전북대 전북대학교병원(전북 전주)

○ 제주대 제주대학교병원(제주)

○ 조선대 조선대학교병원(광주)

○ 중앙대 중앙대학교병원(서울)

○ 차의과학대 분당차병원(경기 성남)/ 구미차병원(경북 구미)/ 강남차병원(서울)/ LA차병원

○ 충남대 충남대학교병원(대전)

○ 충북대 충북대학교병원(충북 청주)

○ 한림대 한림대학교춘천성심병원(강원 춘천)/ 한림대학교성심병원(경기 안양)/ 한림대학교동탄병원(경기 화성)/ 한림대학교강동병원(서울)/ 한림대학교한강성심병원(서울)

○ 한양대 한양대구리병원(경기 구리)/ 한양대학교병원(서울)

III. 전국 상급종합병원 리스트

보건복지부는 제3기('18~'20) 상급종합병원으로 42개 기관을 지정 발표하고 1개 기관은 지정 보류하기로 했다고 밝혔다. 상급종합병원은 "중증질환에 대하여 난이도가 높은 의료행위를 전문적으로 하는 종합병원"으로 중증 질환에 대한 의료서비스 제공, 의료전달체계를 통한 자원의 효율적 활용을 목적으로 2011년부터 도입되어 매 3년마다 지정을 통해 이번 3기 지정에 이르렀다. 상급종합병원 절대평가 기준에서 인력 항목 간호사는 연평균 1일 입원환자 2.3인당 1인 이상이며 상대평가 기준은 **간호사 1인당 연평균 1일 입원 환자 수를 평가항목으로 적용한다.**

보건복지부 지정 3기 상급종합병원(2018~2020년) 리스트는 다음과 같다.(42개 병원)

○ 서울권(13)

강북삼성병원, 건국대학교병원, 경희대학교병원, 고려대학교의과대학부속구로병원, 삼성서울병원, 서울대학교병원, 연세대학교의과대학강남세브란스병원, 재단법인아산사회복지재단서울아산병원, 중앙대학교병원, 학교법인고려중앙학원고려대학교의과대학부속병원(안암병원), 학교법인가톨릭학원가톨릭대학교서울성모병원, 학교법인연세대학교의과대학세브란스병원, 한양대학교병원

○ 인천권(3)

가톨릭대학교인천성모병원, 가천대학교길병원, 인하대학교의과대학부속병원

○ 경기권(5)

고려대학교의과대학부속안산병원, 분당서울대학교병원, 순천향대학교부속부천병원, 아주대학교병원, 한림대학교성심병원

○ 강원권(1)

연세대학교원주세브란스기독병원

○ 충청권(4)

단국대학교의과대학부속병원, 순천향대학교부속천안병원, 충남대학교병원, 충북대학교병원

○ 전남권(3)

전남대학교병원, 조선대학교병원, 화순전남대학교병원

○ 전북권(2)

원광대학교병원, 전북대학교병원

○ 경남권(6)

학교법인인제대학교부산백병원, 경상대학교병원, 고신대학교복음병원, 동아대학교병원, 부산대학교병원, 양산부산대학교병원

○ 경북권(5)

경북대학교병원, 계명대학교동산병원, 대구가톨릭대학교병원, 영남대학교병원, 칠곡경북대학교병원

※ 이화여자대학교 목동병원 보류

Ⅳ. 전국 대학 치위생학과 정보

치과위생사는 지역주민과 치과질환을 가진 사람을 대상으로 구강보건교육, 예방치과처치, 치과진료협조 및 경영관리를 지원하여 국민의 구강건강증진의 일익을 담당하는 전문직업이다.

치과위생사는 일반인들이 치과진료실에서 반드시 만나게 되는 치과계 전문인력으로 치과병 의원, 종합병원을 비롯하여 지역사회 보건(지)소, 국공립의료기관, 산업체의무실, 학교구강보건실, 구강보건연구기관 및 유관단체 등에서 교육적, 임상적, 치료적 서비스를 제공하여 구강건강을 증진시킴으로써의 최적의 정신건강을 유지하도록 하는 일에 종사하고 있다.

우리나라 치과위생사 교육은 1965년 연세대학교 의학기술학과에서 시작되어 현재는 전국 78개 대학(교)에서 매년 3,500여 명의 학사 및 보건학사가 배출되고 있다. 치과위생사로 활동하기 위해서는 반드시 치과위생사 면허를 취득하여야 하며, 치과위생사면허 국가시험의 응시자격은 치위생(학)과를 졸업하여 학위를 취득한 자에 한하여 주어진다.(대한치과위생사협회)

1. 일반대학(지역별)

○ 인천/ 경기(3)

가천대 신한대(제2캠) 을지대(제2캠)

○ 강원(4)

강릉원주대 강원대(제2캠) 경동대(제3캠) 연세대(원주캠 인문/자연)

○ 충청(8)

건양대(제2캠) 남서울대 단국대(제2캠) 백석대 선문대 유원대 청주대 한서대

○ 전라(5)

광주여대 송원대 초당대 호남대 호원대

○ 경상(7)

경북대 경운대 김천대 동서대 동의대 신라대 영산대

2. 전문대학(지역별)

○ 서울(2)

삼육보건대 숭의여대

○ 경기(6)

경복대 동남보건대 수원과학대 수원여자대(주/야) 신구대 여주대

○ 강원(3)

강릉영동대 송호대 한림성심대

○ 충청(9)

강동대 대원대 대전과학기술대 대전보건대 백석문화대 신성대 충북보건대 충청대 혜전대

○ 전라(13)

고구려대 광양보건대 광주보건대 동아보건대 목포과학대 서영대 원광보건대 전남과학대 전북과학대 전주기전대 전주비전대 청암대 한영대

○ 경상(19)

가톨릭상지대 경남정보대 경북전문대 구미대 대구과학대 대구보건대(주/야) 동부산대 동주대 마산대 부산과학기술대 부산여대 서라벌대 수성대 안동과학대 영

남외국어대 영남이공대 진주보건대 춘해보건대 포항대

○ 제주(1)

제주관광대